JN000364

原子力施設における建築物の耐震性能評価ガイドブック

AIJ Guidebook on
Seismic Performance Evaluation of Structures in Nuclear Facilities

2024

日本建築学会

序

本ガイドブックが対象とする原子力建築物とは，原子力施設における建築物のうち耐震壁を主体とする鉄筋コンクリート造の建築物である．原子炉建屋など主要な原子力建築物は，部材断面寸法が大きいことが特徴である．

2011 年東北地方太平洋沖地震以降，原子力建築物の耐震性能評価は広く社会の関心事となっている．過去に発生した地震では，一部の原子力発電所において，設計用の地震動を部分的に超える地震記録が観測された事例があるが，いずれの事例においても安全機能は保持されていたことが地震後の調査により明らかとなった．これは，実際の原子力建築物は耐震性能以外のさまざまな安全性に対する要求などを考慮した構造設計を実施しており，耐震設計上の余裕を保有している可能性があるためと考えられる．

原子力建築物の耐震性能をわかりやすく説明することの重要性を認識している一方で，上述した余裕を含む耐震性能の評価手法はあるものの，評価手法をわかりやすく説明した解説書がないことが課題であった．

そこで，建築構造技術者を対象にして原子力建築物の耐震性能評価手法の解説書を作成することとした．本ガイドブックでは，一般建築物，原子力建築物の耐震設計の規準類を参考にして耐震性能を定量的に評価する手法として，以下の 4 つの既往手法を取り上げた．

① 応答値と限界値との比較による評価手法

② 保有耐震性能指標による評価手法

③ 損傷確率による評価手法

④ フラジリティ曲線による評価手法

上記の 4 つの手法については，①と②の手法が決定論的手法であり，③と④の手法が確率論的手法である．本ガイドブックの大きな特徴は，耐震性能の評価手法に関して，決定論的手法と確率論的手法の関連性を体系的に解説している点である．

本ガイドブックでは，原子力建築物の耐震性能を評価するにあたり，構造安全性の確保を前提とした限界値を設定している．原子力建築物の耐震性能を定量的に評価し，わかりやすく表現することは，耐震安全性を適切に認識することにもつながる．原子力建築物の耐震性能の評価を実施する場合，評価結果を適切にかつわかりやすく表現する場合において，本ガイドブックの内容が参考になることを期待する．なお，本ガイドブックでは，機器・配管系の耐震性能の評価手法については対象としていない．

原子力建築物の耐震性能をどのようにわかりやすく説明できるのかについては，本ガイドブックの中心的なテーマである．今後もこのテーマの検討が継続して実施されることが重要である．また，原子力建築物の耐震安全性やその定量的な評価手法について，たゆみなく議論，対話を重ねていくことが期待される．

2024 年 1 月

日本建築学会

本書作成関係委員

—（五十音順・敬称略）—

構造委員会（2023.3）

委員長	五十田　博
幹事	楠　浩一　永野正行　山田　哲
委員	（略）

原子力建築運営委員会（2023.3）

主査	瀧口克己				
幹事	梅木芳人				
委員	阿比留哲生	宇賀田　健	圓　幸史朗	大橋泰裕	尾形芳博
	小川　裕	小野木隆浩	菊地利喜郎	北山和宏	橘高義典
	楠　浩一	小柳貴之	紺谷　修	高橋庸介	巽　誉樹
	続　博誉	藤井淳一	前田匡樹	前中敏伸	棟方善成

原子力耐震性能評価小委員会（2023.3）

主査	北山和宏				
幹事	大河内靖雄				
委員	足立高雄	猪野　晋	梅木芳人	大橋泰裕	尾形芳博
	菊地利喜郎	岸本一蔵	小柳貴之	綱嶋直彦	前田匡樹
	藪内耕一	薮下直人			

建物の耐震性能評価ワーキンググループ（2023.3）

主査	梅木芳人				
幹事	藪内耕一				
委員	相澤直之	足立高雄	糸井達哉	岩島夏哉	宇賀田　健
	大河内靖雄	太田和也	楠　浩一	綱嶋直彦	古江　守
	前田匡樹	薮下直人	山本晃太郎		

執筆担当

第1章	綱嶋直彦	大河内靖雄
第2章	藪内耕一（2.1～2.2）	宇賀田健（付2.1，付2.2）
第3章	太田和也	
第4章	藪内耕一（4.1～4.3）	大河内靖雄（付4.1）
第5章	藪内耕一（5.1～5.3） 薮下直人（付5.2）	宇賀田健（付5.1）
第6章	藪内耕一（6.1～6.5）	足立高雄（付6.1）

原子力施設における建築物の耐震性能評価ガイドブック

目　　次

用　語　集……1
第１章　概　　要……5
1.1　目　　的……5
1.2　対象とする建築物……5
1.3　耐震性能を評価するための手法……5
1.4　耐震性能評価の限界値の考え方……6
1.5　本ガイドブックの構成……6
1.6　ま　と　め……6
付 1.1　原子力建築物の耐震設計の概要……8
付 1.2　原子力建築物に関する耐震設計基準類の変遷……11

第２章　耐震性能の評価手法……13
2.1　評価手法の概要……13
2.1.1　耐震性能の評価手順……13
2.1.2　評価手法の比較……14
2.1.3　応答値と限界値との比較による評価手法……19
2.1.4　保有耐震性能指標による評価手法……19
2.1.5　損傷確率による評価手法……19
2.1.6　フラジリティ曲線による評価手法……20
2.2　ま　と　め……21
付 2.1　各評価法の関係……22
付 2.2　確率論的地震リスク評価……32

第３章　地　震　動……37
3.1　地震動の選定……37
3.2　入力地震動の設定……38
3.3　ま　と　め……38
付 3.1　原子力発電所建築物の耐震設計で用いられる基準地震動……39
付 3.2　立地サイトや建築物で観測された地震動……41
付 3.3　地震ハザード評価における一様ハザードスペクトルから策定する地震動……43
付 3.4　耐震性能評価用の地震動から建築物への入力地震動を求める方法……47

第４章　構 造 解 析……51
4.1　構造解析の方針……51
4.2　解析条件の設定……52
4.3　ま　と　め……54
付 4.1　応答評価の精度向上を目的とした検討事例……56

第５章　限界状態と限界値の設定……65
5.1　限界状態の設定……65
5.2　限界値の設定……65

5.3　ま　と　め……67
付 5.1　評価クライテリアに関する知見の整理……68
付 5.2　各種要求機能と許容限界……74

第 6 章　耐震性能の評価……76
6.1　応答値と限界値との比較による評価手法……76
6.2　保有耐震性能指標による評価手法……79
6.3　損傷確率による評価手法……82
6.4　フラジリティ曲線による評価手法……84
6.5　ま　と　め……88
付 6.1　耐震性能の評価例……89

用　語　集

第１章　概　　要

1-1	保有耐震性能指標	:	耐震性能を確定値として表す指標で，基準となる地震動に対する限界地震動の比率.	p. 5
1-2	損傷確率	:	特定の地震動が建築物に入力したときの応答と耐力を確率分布として評価したときの応答が耐力を超える確率.（本ガイドブックでは地震動のばらつきは原則考慮しない.）	p. 5
1-3	フラジリティ曲線	:	任意の入力地震動の大きさに対して建築物が損傷する確率を表現したもの. 縦軸に損傷確率，横軸に地震動の大きさ（強さ）を取ったもの.	p. 5
1-4	基準となる地震動	:	建築物の耐震性能を評価するための基準として用いる地震動であり，解放基盤表面で定義された地震動特性を考慮した地震動やそれに加えて表層地盤の増幅特性を考慮した地震動.	p. 5
1-5	現実的（な）応答	:	物性値などの不確実さを考慮して求められた，確率量で表される建屋の地震応答. 構造物の物性値を設計値ではなく実際の値にして，かつ，できるだけ実現象を表すことができるモデルを使って得られる応答. ただし，実際の物性値とはいっても不確実さがあるので，応答に対しばらつきがあるものとして評価される.	p. 5
1-6	現実的（な）耐力	:	保守性を含まない，物性値などの不確実さを考慮して求められた確率量で表される建屋の耐力. 設計で使われる耐力ではなく，実際の耐力. 現実的（な）応答と同様，実際の耐力にも不確実さがあるので，耐力に対しばらつきがあるものとして評価される.	p. 5
1-7	耐震重要度分類	:	地震により発生する可能性のある放射線による環境への影響の視点から分類した原子炉施設の耐震設計上の施設別重要度. 重要度が高い施設より耐震Ｓクラス，耐震Ｂクラス，耐震Ｃクラスに分類される.	p. 8
1-8	耐震Ｓクラス	:	地震により発生するおそれがある事象に対して，原子炉を停止し，炉心を冷却するために必要な機能を持つ施設，自ら放射性物質を内蔵している施設，当該施設に直接関係しておりその機能喪失により放射性物質を外部に拡散する可能性のある施設，これらの施設の機能喪失により事故に至った場合の影響を緩和し，放射線による公衆への影響を軽減するために必要な機能を持つ施設およびこれらの重要な安全機能を支援するために必要となる施設，ならびに地震に伴って発生するおそれがある津波による安全機能の喪失を防止するために必要となる施設であって，その影響が大きいもの.	p. 8
1-9	基準地震動 Ss	:	原子力発電所における耐震重要施設などの機能が維持または構造強度が確保されることを確認するための地震動. 発電所ごとに設定される.	p. 9
1-10	弾性設計用地震動 Sd	:	基準地震動 Ss によって施設に生じる地震力が作用した状態において，Ｓクラスの施設の安全機能が維持されることをより確実なものとするために，別途弾性限界状態に対応する設計を実施し，地震動が施設に及ぼす影響および施設の状態を明確化することを目的に設定する地震動をいう.	p. 9
1-11	耐震Ｂクラス	:	安全機能を有する施設のうち，機能喪失をした場合の影響がＳクラス施設と比べて小さい施設.	p. 9
1-12	耐震Ｃクラス	:	Ｓクラスに属する施設およびＢクラスに属する施設以外の一般産業施設または公共施設と同等の安全性が要求される施設.	p. 9
1-13	質点系モデル	:	構造物を質点（集中荷重）と曲げせん断棒により表現した建築物モデル.	p. 10
1-14	確率論的リスク評価（地震 PRA）	:	地震動に対する確率論的リスク評価（Probabilistic Risk Assessment）. 原子力発電所施設を対象とした確率論的リスク評価では，例えば，地震に対して炉心が損傷する確率などが評価される.	p. 12

第2章 耐震性能の評価手法

2-1	基準となる地震動	:	用語 1-4 参照.	p. 13
2-2	耐震部材	:	地震力に対して構造強度の確保に資する部材．原子炉建屋においては主に耐震壁.	p. 14
2-3	質点系モデル	:	用語 1-14 参照.	p. 19
2-4	(条件付き) 信頼性指標 β	:	現実的な耐力から現実的な応答を引いたものを「性能関数」あるいは「限界状態関数」というが，性能関数の中央値をその標準偏差で割ったものを信頼性指標という．信頼性指標は損傷確率と一対一の関係になっており，信頼性指標の値がわかれば損傷確率を計算することができる．なお，「条件付き」とは「地震が起こったという条件」の下での信頼性指標であり，地震の発生確率が含まれない.	p. 26
2-5	HCLPF	:	高い信頼性を有する低い損傷確率（High Confidence of Low Probability of Failure)．一般的には，フラジリティ曲線において，95％信頼度を有する5％損傷確率となるときの入力時地震動の加速度レベル値を示す．なお，95％信頼度は，認識論的不確実性によるフラジリティ曲線のばらつきの95％非超過確率として評価される.	p. 29
2-6	偶然的不確実性（偶然的不確実さ）	:	人間がいかに努力しても避けることができない不確実さ（ばらつき)．例えば，いかに条件を揃えてコンクリート供試体を作成しても，コンクリート強度は一定の値にはならずばらつくが，このようなばらつきが偶然的不確実性に分類される.	p. 33
2-7	認識論的不確実性（認識論的不確実さ）	:	モデル化誤差とも呼ばれ，式（経験式，実験式）や解析モデルによって得られる値と実現象の差を表す．例えば，質点モデルで構造物の応答を評価した場合，その応答には，質点系モデルによる認識論的不確実性が含まれると考えられる.	p. 33

第3章 地 震 動

3-1	基準となる地震動	:	用語 1-4 参照.	p. 37
3-2	基準地震動 Ss	:	用語 1-7 参照.	p. 37
3-3	地震ハザード	:	ある地点に対して影響を及ぼすすべての地震を考慮して，その地点が大きな地震動に見舞われる危険度．横軸を地震動の最大加速度，縦軸を超過確率として表現したものを地震ハザード曲線という.	p. 37
3-4	一様ハザードスペクトル	:	複数の周期の応答スペクトルのハザード曲線に基づいて，同一の超過確率となる応答値を周期を横軸にしてつないだもの.	p. 37
3-5	解放基盤表面	:	基盤面上の表層や構造物がないものとして仮想的に想定する自由表面であって，著しい高低差がなく，ほぼ水平で相当な広がりを持って想定される基盤の表面．ここでいう基盤とは，おおむねせん断波速度が V_s=700 m/s 以上の値を有する硬質地盤であって，著しい風化を受けていないものをいう. 基準地震動 Ss は，この解放基盤表面における地震動として策定される.	p. 37
3-6	耐震裕度	:	基準となる地震動に対する，建築物が限界状態に達するまでの裕度．本ガイドブックでは保有耐震性能指標を用いた耐震裕度を示す.	p. 37

第4章 構 造 解 析

4-1	地震荷重	:	地震時に構築物に生じる荷重.	p. 51
4-2	通常運転時	:	原子力発電所が安定的に運転を行っている状態.	p. 51
4-3	質点系モデル	:	用語 1-14 参照.	p. 52
4-4	復元力特性	:	弾性および塑性域における材料の応力度—ひずみ度関係（または，荷重—変位関係など）を表現したもの.	p. 52
4-5	トリリニア・スケルトンカーブ	:	復元力特性を3直線で表した曲線.	p. 52

4-6	コンクリート強度	:	コンクリートの圧縮強度．コンクリート材料が圧縮力を受けて破壊するときの強さを応力度で表した値．	p. 52
4-7	最大点指向型モデル	:	除荷後の荷重上昇時に最大点に戻る勾配を持つ履歴特性モデル．	p. 53
4-8	ディグレイディングトリリニアモデル	:	安定ループを形成する勾配を持つ履歴特性モデル．	p. 54
4-9	補助壁	:	耐震壁以外の壁．	p. 56
4-10	3 次元 FEM モデル	:	有限要素を用いて表現した 3 次元のモデル．	p. 56

第 5 章　限界状態と限界値の設定

5-1	限界状態	:	定めた機能を満足する限界の状態．	p. 65
5-2	支持機能	:	地震時や通常時に設備・機器・配管を支持する機能．なお，JEAG4601 補-1984 によれば設備などを支持する構造物は，設備などを直接取り付けるまたは設備などの荷重を直接受ける直接支持構造物と，直接支持構造物から伝達される荷重を受ける間接支持構造物に分類される．	p. 65
5-3	遮へい機能	:	周辺公衆および放射線業務従事者に対し放射線被ばく上の悪影響を及ぼすことがないようにする機能．	p. 65
5-4	負圧維持機能	:	事故時に放射性物質の放出および外部放散を抑制するために負圧を維持する機能．	p. 65
5-5	限界値	:	限界状態を示す性能指標が限界状態に達する値．	p. 65
5-6	機能維持限界	:	「止める」，「冷やす」，「閉じ込める」機能を維持できる限界．	p. 72
5-7	漏えい防止機能	:	施設から液体状の放射性物質の漏えいを防ぐ機能．	p. 75
5-8	アニュラス部	:	原子炉格納容器周囲に設ける気密性の高い空間．	p. 75

第 6 章　耐震性能の評価

6-1	限界スペクトル	:	基準となる地震動の応答スペクトルを保有耐震性能指標で係数倍したスペクトル．	p. 79
6-2	固有周期	:	構造物が自由振動する場合の周期．	p. 89
6-3	テンドン	:	プレストレストコンクリート製原子炉格納容器の内部に設置されたプレストレスを導入するための鋼線．	p. 89
6-4	事故時の圧力変動	:	例えば，原子炉内の設備の損傷により蒸気などが格納容器内に放出され圧力が上昇する状態のこと．	p. 89
6-5	誘発上下動	:	水平方向の加振による基礎の浮上がりによって生じる上下振動のこと．	p. 93
6-6	耐震壁	:	地震荷重を負担することを設計上期待される壁．	p. 93
6-7	現実的な値	:	設計に用いる物性値は余裕度や安全率を見込んでいるが，これを見込む前の値のこと．	p. 93
6-8	復元力特性	:	用語 4-4 参照．	p. 93
6-9	接地率	:	基礎板の回転角と浮き上がり限界回転角の比から得られる値であり，スウェイ・ロッキングモデル（SR モデル）を用いた地震応答解析による応答値の妥当性判断に用いられる．	p. 99
6-10	限界地震動	:	建築物がある限界状態に達するときの地震動の強さ．	p. 102

第1章　概　　要

1.1　目　　的

本ガイドブックは，原子力施設における建築物（以下，原子力建築物という）が保有する耐震性能を評価するための既往の4つの手法について，特徴を体系的に整理するとともに，それぞれの評価手順を解説するものである．評価者は4つの評価手法の中から目的に応じて手法を選択できる．

1.2　対象とする建築物

本ガイドブックの主な対象は，耐震壁を主体とする鉄筋コンクリート造の原子力建築物である．原子炉建屋など主要な原子力建築物は，部材断面寸法が大きいことが特徴である[1]．例えば，耐震壁の壁厚が1m程度以上の場合がある．

1.3　耐震性能を評価するための手法

「原子力建築物の耐震設計の概要」を付1.1に示す．「原子力建築物に関する耐震設計基準類の変遷」を付1.2に示す．現行の耐震設計は，2013（平成25）年施行の新規制基準[2]による．

原子力建築物については，建設時の耐震基準に基づいて耐震設計がなされている．設計用の地震動に対する応答が設計用の限界値を超えないように構造計画を行い，この構造計画に基づいて耐震壁の配置と仕様が決定される．ただし，実際には，建築物の壁厚などの部材断面寸法が耐震要求以外に遮へい要求などにより決定されている場合があり，このような場合には耐震設計上の余裕を有している可能性があると考えられる．

また，過去に発生した地震では，一部の原子力発電所において，設計用の地震動を部分的に超える地震記録が観測された事例があるが，いずれの事例においても安全機能は保持されていたことが地震後の調査により明らかとなった[3]．これらの事例は新規制基準施行以前のものである．

本ガイドブックでは，原子力建築物の耐震設計上の余裕を含む耐震性能を評価するための手法について解説している．

原子力建築物の耐震性能の評価手法について，本ガイドブックでは以下の4つの手法を取り上げる．これらの4つの手法は，いずれも既往の手法であり，応答値と限界値の関係から耐震性能を評価する点は共通であるが，耐震性能の示し方に違いがある．

①　応答値と限界値との比較による評価手法

②　保有耐震性能指標[4]による評価手法

③　損傷確率[5]による評価手法

④　フラジリティ曲線[5]による評価手法

上記の4つの手法の概要について以下に示す．

「①応答値と限界値との比較による評価手法」は，設定した地震動に対する建築物の応答値と限界値の比較により耐震性能を表現する手法である．

「②保有耐震性能指標による評価手法」は，基準となる地震動の係数倍の形で建築物の耐震性能を表現する手法である．設定した基準となる地震動を漸増させて建築物の応答解析を実施し，応答値が限界値に達するときの地震動（限界地震動）の強さを評価し，基準となる地震動に対する限界地震動の比（限界地震動／基準となる地震動）により耐震性能を定量的に示すことができる．

「③損傷確率による評価手法」は，設定した地震動に対する建築物の損傷確率により耐震性能を表現する手法である．設定した地震動に対する現実的な応答および現実的な耐力の両方については，ばらつきを持つ確率量と考えて，応答が耐力を超える確率を損傷確率として定量的に示すことができる．

「④フラジリティ曲線による評価手法」では，横軸が地震動の加速度レベル，縦軸が損傷確率のグラフ上で滑らかな近似曲線として耐震性能を表現するものである．各地震動レベルでの損傷確率の算定方法は③の方法と同様である．

1.4　耐震性能評価の限界値の考え方

地震時において，原子力建築物の構造安全性が保持されていることが，重要な機器・配管系の安全機能への影響を防止する上で重要であるため，原子力建築物の構造安全性に関する限界を評価対象とする．なお，機器・配管系の安全機能の維持に関する評価を行う場合には，別途評価が必要である．

本ガイドブックの対象である原子力建築物は，耐震壁を主体とする鉄筋コンクリート造であり，建築物の形状は整形であり耐震壁はバランスよく配置されていることが多い．このため，原子力建築物の支配的な損傷モードは，ある層における鉄筋コンクリート造耐震壁のせん断破壊である[5)]と考えられる．この損傷モードに対応した応答値の指標として層せん断ひずみ度を採用することとし，構造安全性に関する限界値は終局せん断ひずみ度とする．

限界値として終局せん断ひずみ度を用いるため，上記の4つの手法の共通事項として，原子力建築物の応答値の算定には非線形応答解析を用いる．なお，一般に原子力建築物の耐震設計では時刻歴非線形応答解析を用いている．

1.5　本ガイドブックの構成

本章では，本ガイドブックの目的，対象とする建築物，4つの耐震性能の評価手法の概要および限界値の考え方について記述している．

2〜6章の構成を図1.1に示す．2章では，4つの耐震性能評価手法の概念とそれらの関係性について解説している．耐震性能評価には地震応答解析が必要であり，3〜5章では耐震性能評価に用いる場合の地震応答解析と限界値の設定に関する基本的事項について解説している．6章では3〜5章を踏まえた耐震性能の評価手法および検討事例について解説している．

なお，3章および4章に関連して，原子力建築物の地震応答解析の方法の詳細については，文献6)などを参照されたい．

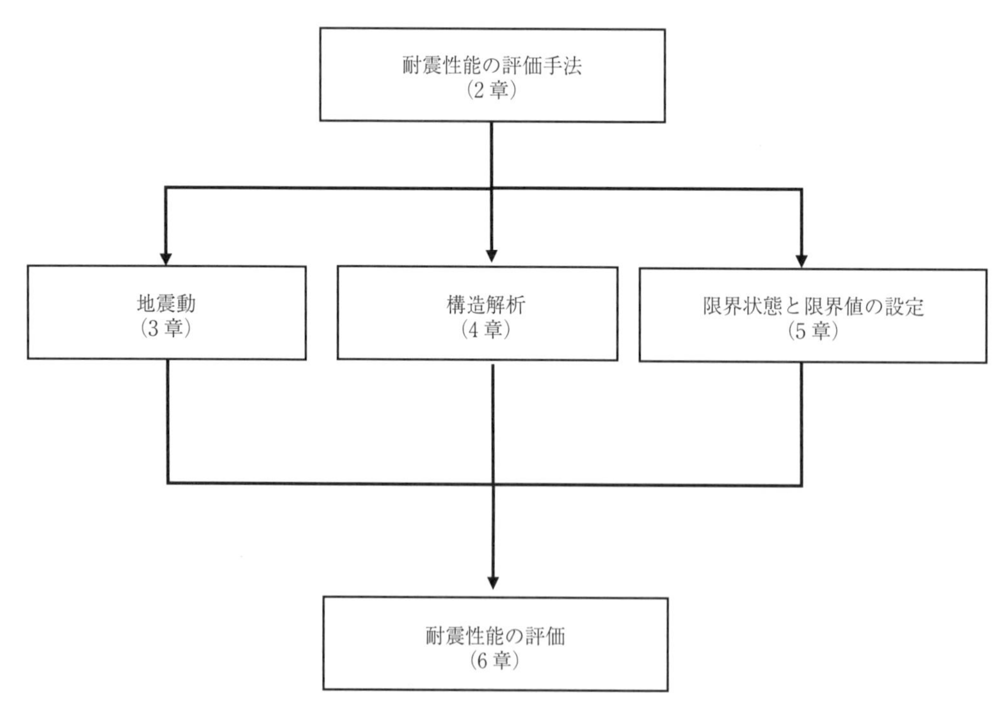

図1.1　本ガイドブックの構成

1.6　ま　と　め

本章では，本ガイドブックの目的，対象とする建築物，4つの耐震性能の評価手法の概要および限界値の考え方について示すとともに，本ガイドブックの全体構成と章ごとのつながりを示した．

参考文献

1) 日本建築学会：原子力施設鉄筋コンクリート構造計算規準・同解説，2013
2) 原子力規制委員会：実用発電用原子炉に係る新規制基準について（概要），2016.2
3) 例えば，以下の文献が参考になる．
 ・東北電力：女川原子力発電所における宮城県沖の地震時に取得されたデータの分析・評価および耐震安全性評価について，2005.11
 ・東京電力：柏崎刈羽原子力発電所における平成19年新潟県中越沖地震時に取得された地震観測データの分析に係る報告（第一報）概要，2007.7
 ・原子力安全・保安院：東北電力（株）女川2号機原子炉建屋はぎとり波を用いたシミュレーション解析の検討，2012.1
 ・東京電力：福島原子力事故調査報告書，2012.6
 ・東北電力：女川原子力発電所における東日本大震災およびその津波の後の系統，構造物および設備の性能を調査するためのIAEAミッション［東北電力和訳版］，2013.4
4) 日本建築学会：鉄筋コンクリート造建物の耐震性能評価指針（案）・同解説，2004
5) 日本原子力学会：原子力発電所に対する地震を起因とした確率論的リスク評価に関する実施基準（AESJ-SC-P006：2015）：日本原子力学会標準，2015.12
6) 例えば，日本電気協会：原子力発電所耐震設計技術規程　JEAC4601-2021，2023.1

付 1.1　原子力建築物の耐震設計の概要

(1)　原子力建築物の設計で考慮する荷重

原子力建築物を設計する際に考慮する荷重を，JEAC4601[1]に基づいて整理したものを付表 1.1.1 に示す．

付表 1.1.1　原子力建築物の設計で考慮する荷重

常時荷重	原子炉施設のおかれている状態にかかわらず建築物に常時作用している荷重であって，固定荷重，積載荷重，土圧，水圧をいう．
運転時荷重	運転時に建築物に作用している荷重であって，運転時機器・配管荷重，運転時圧力および運転時温度荷重をいう．
地震時荷重	地震時に建築物に作用する荷重であって，耐震重要度分類に応じて設計用地震力が設定される．〔付表 1.1.2 参照〕
原子炉施設特有の荷重	原子炉施設特有の荷重であって，原子炉施設が事故時にある状態または試験時に作用する荷重をいう．これらは，各原子炉施設での荷重の発生状況に応じて建築物の設計に考慮する必要のあるものとする．
その他の荷重	その他の荷重としては，風荷重，積雪荷重等があり，これらは建築基準法による．

(2)　荷重組合せと許容限界

原子力建築物を設計する際に考慮する耐震重要度分類別の荷重組合せと許容限界を，JEAC4601 に基づいて整理したものを付表 1.1.2 に示す．考慮すべき荷重組合せとしては，事故時の荷重のように原子力施設特有の荷重との組合せもあるが，ここでは，本ガイドブックで対象としている地震時荷重の組合せについてのみ記載する．

表中の耐震重要度分類（耐震クラス）については，遮へい壁等の建築物部位単位に対して設定される[1]．耐震重要度分類の考え方については，文献 2) を参照されたい．また，荷重および荷重組合せの考え方については，文献 3) を参照されたい．

付表 1.1.2　耐震重要度分類別の荷重組合せと許容限界

耐震重要度分類	荷重組合せ	許容限界
耐震 S クラス	常時荷重＋運転時荷重 ＋基準地震動 Ss による地震力	基準地震動 Ss に対する 機能維持のための規定値
	常時荷重＋運転時荷重 ＋弾性設計用地震動 Sd による地震力または 静的地震力（3.0 Ci）のいずれか大きい方	短期許容応力度
耐震 B クラス	常時荷重＋運転時荷重 ＋静的地震力（1.5 Ci）	短期許容応力度
耐震 C クラス	常時荷重＋運転時荷重 ＋静的地震力（1.0 Ci）	短期許容応力度

［注］原子炉施設特有の荷重およびその他の荷重については，上記の荷重組合せに必要に応じて考慮する．

建築物各部材の設計において，常時荷重や運転時荷重，地震時荷重などを適切に組み合わせ，その結果発生する応力や変形量が許容限界値を超えないことを確認する．

1）　耐震 S クラスの建築物

耐震 S クラスの建築物の設計では，水平方向および鉛直方向の地震力として，動的地震力と静的地震力の双方を考慮する.

動的地震力は，基準地震動 Ss による地震力と弾性設計用地震動 Sd による地震力を考慮する．静的地震力は，建築基準法により一般の建築物の設計に考慮される地震力（層せん断力係数（Ci））の 3 倍を考慮する.

常時荷重および運転時荷重に，弾性設計用地震動 Sd による地震力または静的地震力（3.0Ci）のいずれか大きい方を適切に組み合わせ，その結果，各部材に発生する応力が許容限界（規格および基準による短期許容応力度）以下となるように部材断面が決定される.

また，常時荷重および運転時荷重と，基準地震動 Ss による地震力との組合せに対して，建築物全体として十分な変形能力を有し，終局耐力に対して妥当な安全余裕を有することが要求される．許容限界として，基準地震動 Ss に対する機能維持のための規定値が設定されている.

2）　耐震 B クラス，耐震 C クラスの建築物

耐震 B クラス，耐震 C クラスの建築物は，常時荷重，運転時荷重に静的地震力（耐震 B クラス：1.5Ci，耐震 C クラス：1.0Ci）を組み合わせ，その結果，各部材に発生する応力が許容限界（規格および基準による短期許容応力度）以下になるように部材断面が決定される.

（3）　原子力建築物の耐震設計

原子力建築物のうち，耐震 S クラスの建築物の耐震設計の概略的な流れを JEAC4601 に基づいて整理したものを付図 1.1.1 に示し，図中の各項目の概要を以下に記述する．なお，耐震設計手法の詳細については，JEAC4601 などを参照されたい.

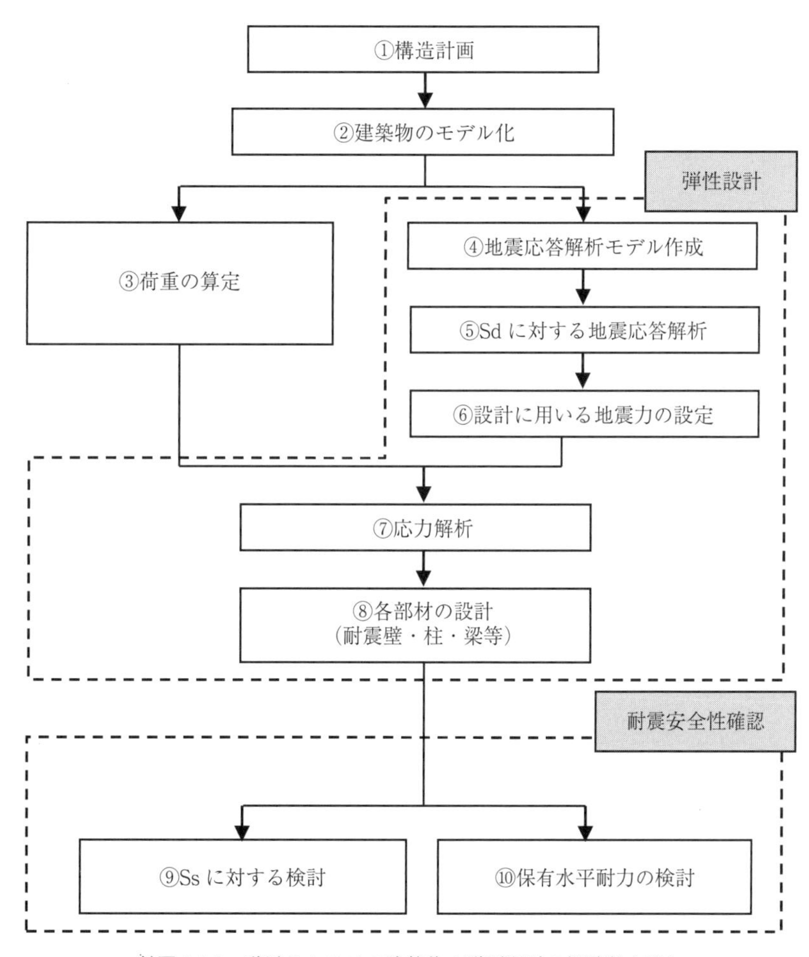

付図 1.1.1　耐震 S クラスの建築物の耐震設計の概略的な流れ

①　構 造 計 画

建築物に設置される機器・配管等の耐震クラスや要求条件を踏まえ，建築物の基本構造を計画する.

②　建築物のモデル化

地震応答解析で用いる建築物のモデル化を行う．一般的に建築物のモデルは，水平方向，鉛直方向に対して個別にモデル化している．

水平方向に対しては曲げ変形とせん断変形を考慮した質点系モデルとし，鉛直方向に対しては軸方向変形を考慮した質点系モデルとすることが多い．

③　荷重の算定

付表 1.1.1 に示される荷重のうち，地震時荷重以外の荷重を算定する．

④　地震応答解析モデル作成

一般に建築物と地盤との動的相互作用を考慮した地震応答解析モデルを作成する．建築物と地盤との動的相互作用については，地盤ばねとしてモデル化し地盤インピーダンスを表現するとともに，有効入力動を考慮する．

⑤　Sd に対する地震応答解析

地震応答解析モデルを用いて弾性設計用地震動 Sd に対する地震応答解析を行い，各層および各床レベルの応答値を算定する．各床レベルの応答値を機器・配管系の耐震設計に用いる．

⑥　設計に用いる地震力の設定

上記⑤により求めた弾性設計用地震動 Sd による地震力または静的地震力（3.0Ci）のいずれか大きい方に基づき設計用地震力を設定する．

⑦　応 力 解 析

弾性設計に用いる応力解析には，建築物の地震時の応力や変形を適切に表現できる応力解析モデルを使用する．応力解析モデルとして 3 次元 FEM モデルを用いる場合が多い．

⑧　各部材の設計

各荷重による応力解析結果を適切に組み合わせて各部材の設計（弾性設計）を行う．部材応力が許容限界（短期許容応力度）以下となるように部材断面を決定する．

⑨　Ss に対する検討

地震応答解析モデルを用いて基準地震動 Ss に対する地震応答解析を行い，応答値が許容限界（基準地震動 Ss に対する機能維持のための規定値）以下であることを確認する．各床レベルの応答値を機器・配管系の耐震性評価に用いる．

⑩　保有水平耐力の検討

建築物の保有水平耐力（Qu）が，必要保有水平耐力（Qun）に対して妥当な安全余裕を有していることを確認する．

参 考 文 献

1）　日本電気協会：原子力発電所耐震設計技術規程　JEAC4601-2021，2023.1
2）　原子力規制委員会：実用発電用原子炉に係る新規制基準の考え方について，2018.12
3）　日本建築学会：原子力施設鉄筋コンクリート構造計算規準・同解説，2013

付 1.2　原子力建築物に関する耐震設計基準類の変遷

（1）　耐震設計基準類の変遷

原子力建築物に関する主要な耐震設計基準類の変遷を付表 1.2.1 に示す．この表の耐震設計基準類には，確率論的評価に関するものが含まれており，これは一般的な意味での耐震設計基準ではないことに注意する必要がある．国の法令等と学協会の基準類の概略的な関係を付図 1.2.1 に示す．原子力建築物に関する耐震設計基準類については，地震学，地震工学等の知見蓄積，耐震設計技術等の改良を反映して改正されてきた．耐震設計基準類の変遷については，他の文献[1)]を参照されたい．

付表 1.2.1　原子力建築物に関する主要な耐震設計基準類の変遷

年代	主 な 地 震	国の法令等	学協会の基準類
1970	1978　宮城県沖地震	1978　発電用原子炉施設に関する耐震設計審査指針［原子力安全委員会］	■JEAG4601-1970　原子力発電所耐震設計技術指針
1980	1983　日本海中部地震	1981　建築基準法改正（新耐震設計法） 1981　発電用原子炉施設に関する耐震設計審査指針改訂［原子力安全委員会］	■JEAG4601・補-1984　原子力発電所耐震設計技術指針 重要度分類・許容応力編 ■JEAG4601-1987　原子力発電所耐震設計技術指針
1990	1993　北海道南西沖地震 1995　兵庫県南部地震		■JEAG4601-1991　原子力発電所耐震設計技術指針 追補版
2000	2000　鳥取県西部地震 2007　新潟県中越沖地震	2006　発電用原子炉施設に関する耐震設計審査指針改訂［原子力安全委員会］	○JSME S NE1-2003　コンクリート製原子炉格納容器規格 ●2005　原子力施設鉄筋コンクリート構造計算規準・同解説，AIJ □※AESJ-SC-P006：2007　原子力発電所の地震を起因とした確率論的安全評価実施基準 ■JEAC4601-2008　原子力発電所耐震設計技術規程 ■JEAG4601-2008　原子力発電所耐震設計技術指針
2010	2011　東北地方太平洋沖地震	2012　原子炉等規制法（改正炉規法） 2013　実用発電用原子炉に係る新規制基準［原子力規制委員会］ ※2013　実用発電用原子炉の安全性向上評価に関する運用ガイド［原子力規制委員会］ 2013　基準地震動及び耐震設計方針に係る審査ガイド［原子力規制委員会］ 2013　耐震設計に係る工認審査ガイド［原子力規制委員会］	○JSME S NE1-2011　コンクリート製原子炉格納容器規格 ●2013　原子力施設鉄筋コンクリート構造計算規準・同解説，AIJ ○JSME S NE1-2014　コンクリート製原子炉格納容器規格 ■JEAC4601-2015　原子力発電所耐震設計技術規程 ■JEAG4601-2015　原子力発電所単心設計技術指針 □※AESJ-SC-P006：2015　原子力発電所に対する地震を起因とした確率論的リスク評価に関する実施基準
2020			■JEAC4601-2021　原子力発電所耐震設計技術規程 ■JEAG4601-2021　原子力発電所耐震設計技術指針

［凡例］
■：(一社)日本電気協会　□：(一社)日本原子力学会
○：(一社)日本機械学会　●：(一社)日本建築学会
※：確率論的評価に関するもの

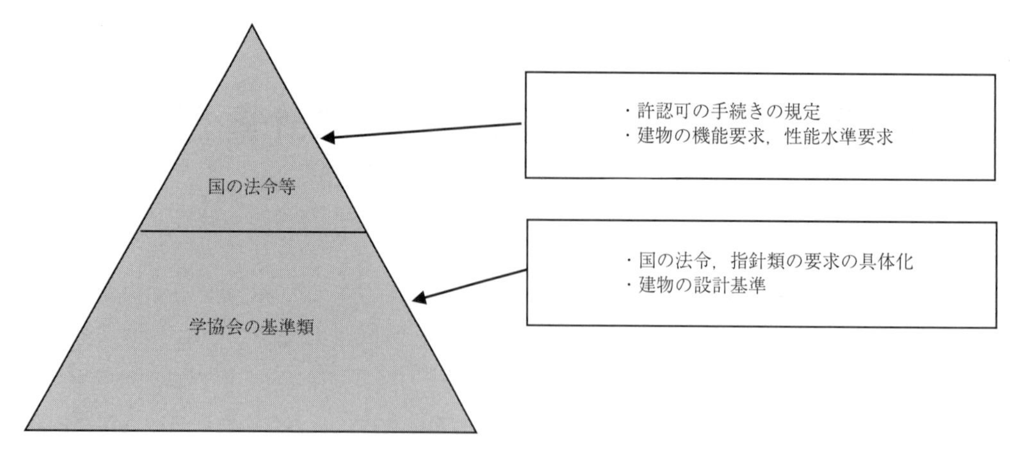

付図 1.2.1 国の法令等と学協会の基準類の概略的な関係

（2） 耐震余裕と耐震性能の評価

JEAC4601[2)]によると，以下のような記述がある．

・JEAC4601は，設計解析評価法，構造物の耐震許容基準等，設計の各段階において適切な余裕を持つような規定を原則としている．

・安全性向上評価ガイド[3)]において，発電用原子炉設置者の自主的な安全性向上の取組みの促進が規定されており，設計上の想定を超える地震に対して，確率論的リスク評価の実施が示されている．

・確率論的リスク評価に関しては，「原子力発電所に対する地震を起因とした確率論的リスク評価に関する実施基準（AESJ-SC-P006：2015）：日本原子力学会標準」（以下，地震PRA実施基準という）[4)]が参考になる．

安全性向上評価ガイドにおいて，地震時の確率論的リスク評価の際に，原子力建築物に対してフラジリティ曲線による評価を用いることが示されている．

フラジリティ曲線による評価は，本ガイドブックに示される4つの耐震性能の評価手法のうちの1つである．

参考文献

1) 例えば，以下の文献が参考になる．
   ・日本建設業連合会：電力土木施設の耐震性向上に関する調査報告書，2014.3
   ・原子力規制委員会：実用発電用原子炉に係る新規制基準について—概要—，2016.2
   ・原子力規制委員会：実用発電用原子炉に係る新規制基準の考え方について，2018.12
2) 日本電気協会：原子力発電所耐震設計技術規程 JEAC4601-2021，2023.1
3) 原子力規制委員会：実用発電用原子炉の安全性向上評価に関する運用ガイド，2013.11
4) 日本原子力学会：原子力発電所に対する地震を起因とした確率論的リスク評価に関する実施基準（AESJ-SC-P006：2015）：日本原子力学会標準，2015.12

第２章　耐震性能の評価手法

本章では，原子力建築物が保有する耐震性能を評価することを目的に，以下に示す４つの手法を説明し，体系的に整理する．

① 応答値と限界値との比較による評価手法
② 保有耐震性能指標による評価手法
③ 損傷確率による評価手法
④ フラジリティ曲線による評価手法

2.1　評価手法の概要

2.1.1　耐震性能の評価手順

原子力建築物が保有する耐震性能を評価する手法の手順を図 2.1 に示す．上記４つの評価手法は，後述するように，決定論的評価を用いるか／確率論的評価を用いるかの違いや，基準となる地震動に対して一定の入力による評価手法／入力を漸増した評価手法という違いはあるものの，いずれの手法も，共通する耐震性能の評価手順は以下の３ステップで実施する．

Ⅰ．評価方針の設定
Ⅱ．建築物解析評価
Ⅲ．耐震性能評価の明示

「Ⅰ．評価方針の設定」では，まず４つの評価手法から，どの評価手法を用いるかを選定する．選定にあたっては，付 2.1 に示した各手法の関連を考慮しながら，評価の目的に応じた最適な手法を選定する．例えば，定量化された耐震性能の大きさを感覚的に理解しやすいのは「②保有耐震性能指標による評価手法」であると考えられる．また，確率論的な評価を取り入れたい場合は「③損傷確率による評価手法」や「④フラジリティ曲線による評価手法」を選択することも考えられる．

そして，次に，解析に使用するモデルや，対象とする地震動，限界状態（限界値）を設定する．

また，建築物が有する耐震性能は，対象とする地震動や限界状態の設定の仕方で，定量化される値は違ったものになると考えられる．例えば，最大加速度が同じ地震動であっても，原子炉建屋のように鉄筋コンクリート造の壁式構造で固有周期が短い建築物は，長周期が卓越する地震動に対してよりも，短周期が卓越する地震動に対する方が耐震性能は相対的に低いと評価されるであろう．一方，限界状態に対しても，限界値として設計許容値を想定した場合と実耐力を想定した場合とでは，前者は「設計上の耐震性能」，後者は「実際の耐震性能」を評価することになると考えられる．

このように，耐震性能を評価する目的に応じて，評価手法を選定し，解析条件や地震動，限界状態を設定した上で，「Ⅱ．建築物解析評価」を実施する．

「Ⅱ．建築物解析評価」では，評価方針に従い，地震応答解析モデルを構築するとともに，選定した地震動に対して，必要に応じて表層地盤による増幅等を考慮して，建築物解析モデルに入力する地震動を設定する．そして，地震応答解析を実施し，得られた応答値を設定した限界値と比較する．選定した耐震性能評価手法により評価手順は異なるが，必要に応じ入力地震動の大きさを変動させ解析を継続するか，解析を終了するかを判断する．

「Ⅲ．耐震性能評価の明示」では，「Ⅱ．建築物解析評価」での解析結果を基に，選定した評価手法に従い，耐震性能を評価する．耐震性能を評価する際には，設定した評価条件により，定量化された耐震性能の値は違ってくるので，値だけではなく，「Ⅰ．評価方針の設定」で設定した評価手法および評価条件とともに耐震性能を示さなければならない．

2.1.2　評価手法の比較

耐震性能評価手法の概要を表 2.1 に示す．

「①応答値と限界値との比較による評価手法」は，原子力建築物の耐震設計で用いられている手法である．設定した地震動に対して非線形応答解析を行い，原子力建築物の応答値を求め，耐力を表す指標としての層せん断ひずみ度と比較することで原子力建築物の耐震性能の大小を評価するものである．

「②保有耐震性能指標による評価手法」は，本会「鉄筋コンクリート造建物の耐震性能評価」[1]に基づき，原子力建築物のいずれかの層あるいは耐震部材が限界値に達するときの地震動（限界地震動）を求め，基準となる地震動に対する限界地震動の比（限界地震動／基準となる地震動）により耐震性能を評価する手法である．

「③損傷確率による評価手法」は，特定の地震動に対し，現実的な応答（物性値などの不確実さを考慮して求められた，確率量で表される建築物の地震応答）および現実的な耐力（保守性を含まない，物性値などの不確実さを考慮して求められた確率量で表される建屋の耐力）を考慮し，応答が耐力を超える確率（損傷確率）を示す．損傷確率の算定方法については「原子炉建屋の耐震安全性評価法（その 1）～(その 10)」[2)~11)]および地震 PRA 実施基準[12]において示されている．

「④フラジリティ曲線による評価手法」は，地震 PRA 実施基準[12]において示されている手法である．現実的応答および現実的耐力を考慮し，地震動（通常は，第 3 章に示す一様ハザードスペクトル）の大きさに応じて応答が耐力を超える確率を曲線として表現するものである．この手法では，原子力建築物の耐震性能を地震動の大きさに応じた確率量として表現するため，耐震性能に関する多くの情報が盛り込まれている指標である．なお，本ガイドブックのフラジリティ曲線は地震被害調査等から統計的に算定するものではなく，現実的応答および現実的耐力を解析的に考慮して算定するものである．

これら 4 つの手法は，簡便に評価できるものから，多大な計算量を必要とするものまであり，評価結果も簡易なものもあれば複雑なものもある．当然，簡便に評価できるものは，評価に用いる情報量が少ないので，得られる耐震性能の定量値も，保守的な評価になりがちである．その一方，評価が簡便な分，評価結果の表現としてシンプルな場合が多く，多くの人に対してわかりやすいものになる．逆に，多くの情報を考慮できる手法で評価された耐震性能は，評価結果の情報量も多く，説明するための工夫が必要となる．

図 2.2 は，これら 4 つの手法の位置付けとして，入力地震動について「一定の入力地震動に対する評価手法」と「入力地震動を漸増する評価手法」，評価手法として「決定論的評価手法」と「確率論的評価手法」という観点で整理した図である．

「①応答値と限界値との比較による評価手法」および「②保有耐震性能指標による評価手法」については，確定値として評価する指標であり，現行の耐震設計を基にした手法であることから，比較的理解されやすい指標であると考えられる．それに対して，「③損傷確率による評価手法」および「④フラジリティ曲線による評価手法」は，応答および耐力を確率分布で取り扱う手法で，確率論的な評価であり，不確実さを考慮して耐震性能を評価することが可能であるが，耐震性能を定量化するために労力がかかり，評価結果を簡潔に表現するのが難しい．

一方，基準となる地震動の入力レベルという観点からみると，「①応答値と限界値との比較による評価手法」および「③損傷確率による評価手法」は，いずれも設定した基準となる地震動レベルに対する耐震性能を評価するのに対して，「②保有耐震性能指標による評価手法」および「④フラジリティ曲線による評価手法」は，基準となる地震動の入力レベルを上げていき耐震性能を評価する，という手法に分類することができる．前者は，設計用地震動や，過去の巨大地震に対して，対象とする原子力建築物の耐震性能がどのくらいあるかを評価することができるが，入力地震動レベルが上がると，建物は弾塑性挙動を示すため，基準となる地震動レベルに対して定量化される耐震性能は，必ずしも，「どの程度の入力レベルまで，対象とする構造物の要求される機能を維持できるか」を直接示すものではない．一方，後者の「②保有耐震性能指標による評価手法」や「④フラジリティ曲線による評価手法」のように，地震動の入力レベルを上げていき耐震性能を評価する手法は，「どの程度の入力レベルまで，対象とする構造物は要求される機能を維持できるか」を直接的に示すものであると考えられる．

本ガイドブックで取り上げた 4 つの手法は，上記のように分類することができるが，それぞれがまったく独立の手法というわけではなく，相互に関連性を持った手法であると考えられる．4 つの手法の相互の関連性については，「付 2.1　各評価手法の関係」に詳述している．

さらに，これら4つの手法と，本ガイドブック各章の関連を表2.2に示す．決定論的な評価手法である「①応答値と限界値との比較」および「②保有耐震性能指標による評価手法」では，設計値を用いて評価する場合や現実的な値を用いて評価する場合があるが，確率論的な評価手法である「③損傷確率による評価手法」および「④フラジリティ曲線による評価手法」では，現実的応答および現実的耐力を用いて耐震性能を評価する．

2.1.3～2.1.6に4つの耐震性能の具体的な評価手法について説明する．

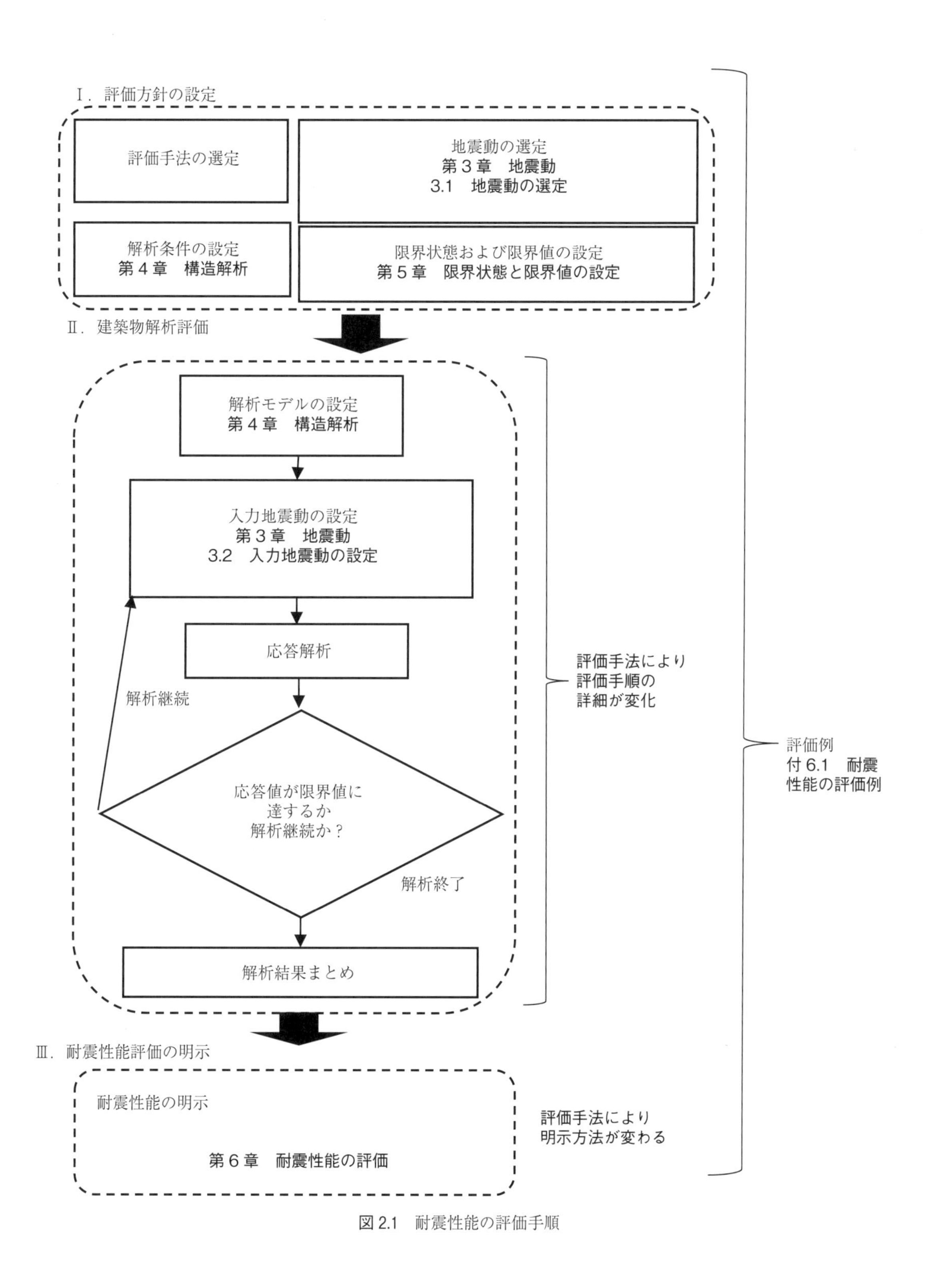

図2.1　耐震性能の評価手順

表 2.1　耐震性能評価手法の概要

	手法の概要		評価方法	参考文献
①応答値と限界値との比較による評価手法	入力地震動に対する応答値（せん断ひずみ度）と限界値との比較	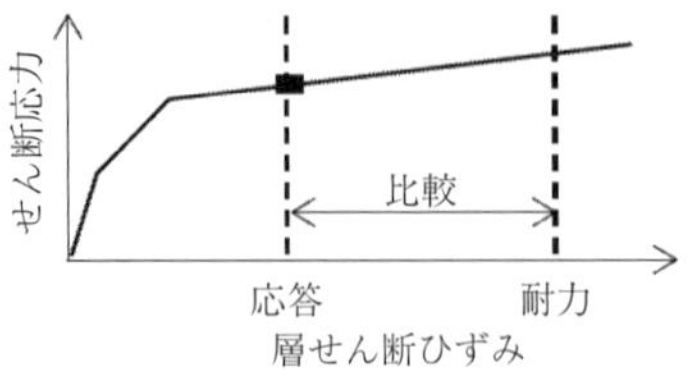	入力地震動に対する非線形応答解析を実施し，応答値と限界値を比較し評価する．	日本電気協会：原子力発電所耐震設計技術規程 JEAC4601-2015
②保有耐震性能指標による評価手法	$\text{保有耐震性能指標}=\dfrac{\text{限界地震動の強さ}}{\text{基準となる地震動の強さ}}$	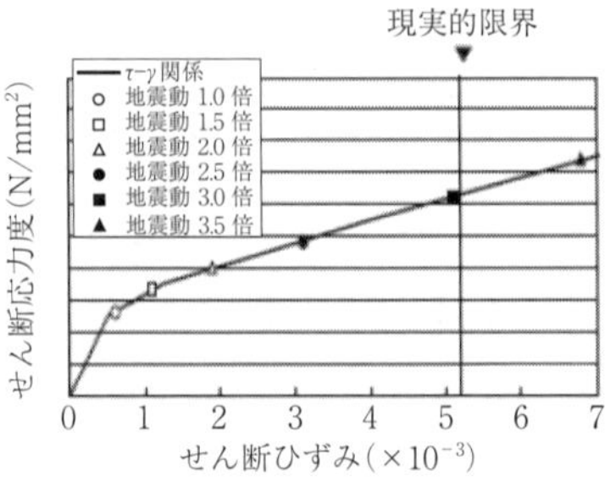	入力地震動を係数倍した非線形応答解析を実施し，いずれかの層あるいは耐震部材が限界状態に達するときの地震動強さを算定し，保有耐震性能指標を評価する．	日本建築学会：鉄筋コンクリート造建物の耐震性能評価指針(案)・同解説，2004.1
③損傷確率による評価手法	$Pf=\int_{-\infty}^{\infty} f_R(x_R)\left\{\int_{x_R}^{\infty} f_D(x)dx\right\}dx_R$ $f_R(x)$：耐力の確率分布（確率密度関数） $f_D(x)$：応答の確率分布（確率密度関数）	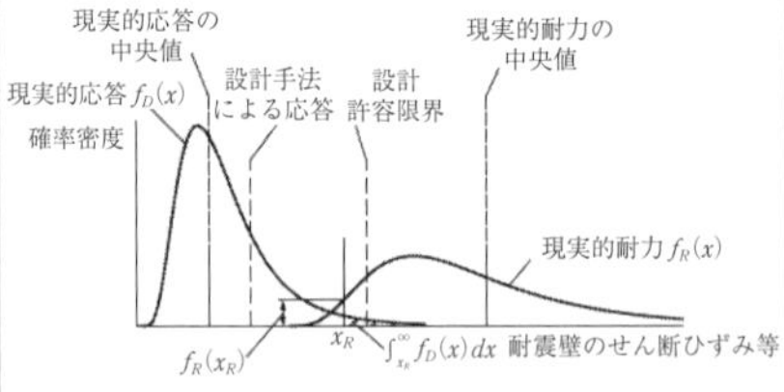	・現実的な物性値を用いた非線形応答解析を実施し，現実的応答を確率分布として算定する． ・現実的応答の確率分布と現実的耐力の確率分布から損傷確率を評価する．	原子炉建屋の耐震安全性評価法(その1)～(その9)，日本建築学会大会学術講演梗概集，B構造，1994
④フラジリティ曲線による評価手法	地震動強さ A に応じた損傷確率 $F(A)=\int_{0}^{\infty} f_R(x_R)\left(\int_{x_S}^{\infty} {}_Af_D(x)dx\right)dx_R$ ${}_Af_D(x)$：現実的な応答の確率分布 $f_R(x)$：現実的な耐力の確率分布	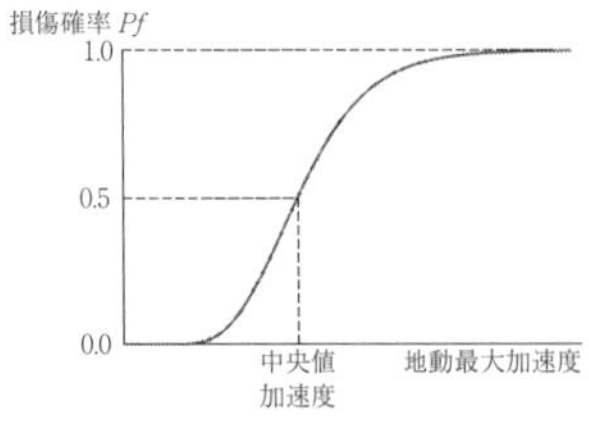	「③損傷確率」を地震動強さ（一般的には入力地震動の最大加速度（地動最大加速度））の関数として評価する．	日本原子力学会標準原子力発電所に対する地震を起因とした確率論的リスク評価に関する実施基準：2015（AESJ-SC-P006：2015），2015.12

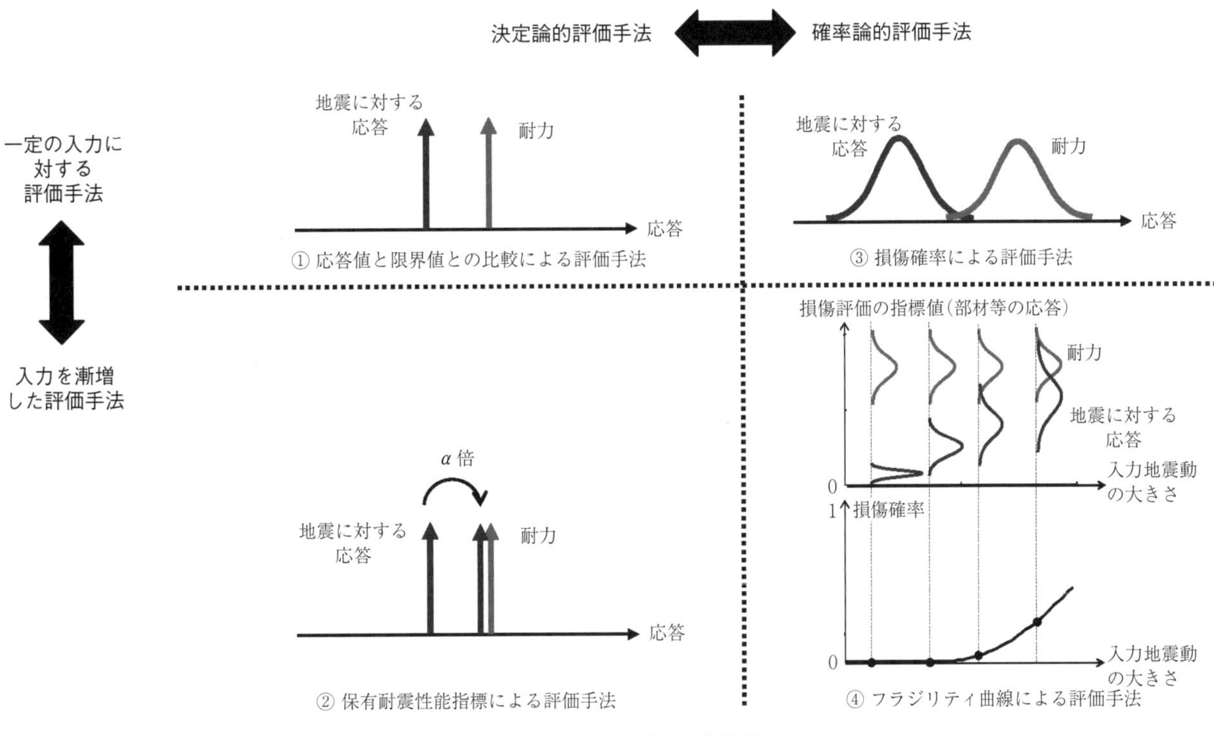

図 2.2　耐震性能評価手法の位置付け

表 2.2　耐震性能評価手法の特徴

	地　震　動 3章	構造解析 4章	限界状態と限界値の評価 5章	耐震性能の評価 6章	評価の特徴
①応答値と限界値との比較による評価手法	代表的な入力地震動：設計で用いられている基準地震動	現実的（平均）物性値または設計値を用いた非線形応答解析	設計における終局限界 終局限界の統計値 （設計における許容限界）	指標：応答値と限界値の比較	原子力建築物の耐震設計と連続性あり． 簡易な手法であり汎用性が高い． 一定の入力地震動に対する評価のみ． 大小関係の評価のため定量的な性能評価が難しい．
②保有耐震性能指標による評価手法	代表的な入力地震動：設計で用いられている基準地震動	現実的（平均）物性値または設計値を用いた非線形応答解析	設計における終局限界 終局限界の統計値 （設計における許容限界）	指標：保有耐震性能指標	原子力建築物の耐震設計と連続性あり． 複数の入力レベルに対する評価ができる． 「④フラジリティ曲線」による評価に比べれば簡易．「①応答値と限界値との比較」よりは計算コストが掛かる．（解析数が多い）
③損傷確率による評価手法	代表的な入力地震動：設計で用いられている基準地震動および一様ハザードスペクトルから策定する地震動	偶然的不確実性（コンクリート強度，地盤剛性，減衰定数）を考慮した非線形応答解析	終局限界の統計値 （平均値・ばらつき）	指標：損傷確率 β_f	確率論的な評価との連続性あり． 一定の入力地震動に対する評価のみ． 応答値と限界値のばらつきを考慮できるため，「①応答値と限界値との比較」の補完的な評価に用いることができる．
④フラジリティ曲線による評価手法	代表的な入力地震動：一様ハザードスペクトルから策定する地震動	偶然的不確実性（コンクリート強度，地盤剛性，減衰定数）を考慮した非線形応答解析	終局限界の統計値 （平均値・ばらつき）	指標：フラジリティ曲線，HCLPF 値	確率論的な評価との連続性あり． 複数の入力レベルに対する評価ができる．計算コストがかかる． 地震ハザードとの組合せで評価される． 応答値と限界値のばらつきを考慮できるため「②保有耐震性能指標」の結果を分析するのに役立つ．

2.1.3　応答値と限界値との比較による評価手法

応答値と限界値との比較による評価手法は，原子力建築物の耐震設計で用いられている手法である．基準となる地震動に対して非線形応答解析を行い，原子力建築物の応答値（層せん断ひずみ度）を求め，限界値と比較することで応答値が限界値よりも小さければ，基準となる地震動に対して原子力建築物の耐震性能を満足しているといえる．

設計に用いる手法と同様に，解析に用いるモデルは評価対象部位に生じるひずみ度が評価できる解析モデルを設定する．原子力建築物は耐震主要部材が耐震壁であることから，設計に用いられている質点系モデルを基に建築物の非線形挙動を考慮した動的解析により評価を実施することが考えられる．

原子力建築物の耐震設計と連続性があり，最も簡易な手法で汎用性が高いため，さまざまな場面で評価可能と考えられる．本手法は応答値と限界値の比較に基づくものであり，応答値の限界値に対する比により相対的な評価をすることはあるものの，非線形応答においては，その比が建築物の有する余裕度を直接表すわけではないため，定量的な性能評価に適用する場合には注意が必要である．

2.1.4　保有耐震性能指標による評価手法

保有耐震性能指標については，本会「鉄筋コンクリート造建物の耐震性能評価指針（案）・同解説」[1]で示されているが，ここでは，原子力建築物を対象として評価するための具体的な方法について示す．

解析に用いるモデルは評価対象部位に生じるひずみ度が評価できる解析モデルを設定する．原子炉建屋全体の耐震性能を評価する場合は，耐震主要部材が耐震壁であることから，設計に用いられている質点系モデルを基に建築物の非線形挙動を考慮した動的解析により評価を実施することが考えられる．保有耐震性能指標は基準となる地震動の強さに対する限界地震動の強さの比として示す．基準となる地震動を入力倍率αで係数倍し，設定した限界状態に達した地震動の強さを限界地震動の強さとすると，限界状態に達した入力倍率αは「限界地震動の強さ／基準となる地震動の強さ」となる．これを保有耐震性能指標と定義する．通常の動的な応答解析では，入力地震動から直接的に応力・ひずみが算定されるため，設定した解析モデルに対し，基準となる地震動を入力倍率αで漸増する応答解析を実施し，対象となる部位の応力・ひずみが限界状態に達した時の入力倍率αを保有耐震性能指標として算定することができる．

保有耐震性能指標は原子力建築物の耐震設計と連続性があり，汎用性が高く，さまざまな場面で評価可能と考えられる．フラジリティ曲線による評価手法に比べれば評価が簡易であるため，建築物の耐震性能評価に適していると考えられる．

2.1.5　損傷確率による評価手法

地震動が一定であると考えた場合，ばらつきを持った建築物の耐震性能を定量化するためには応答も耐力も確率分布として評価し，「応答が耐力を超える確率」，すなわち損傷確率という値で評価することで，耐震性能を定量化することが可能となる．

損傷確率Pfは，次式のように表現できる．

$$Pf=\int_{-\infty}^{\infty}f_R(x_R)\left\{\int_{x_R}^{\infty}f_D(x)dx\right\}dx_R \tag{2.1}$$

ここで，$f_R(x)$は耐力の確率分布（確率密度関数），$f_D(x)$は応答の確率分布（確率密度関数）である．図2.3と対応させて説明すると，実際の耐力（現実的耐力）がばらついて，x_Rという値だった場合，ばらついている応答（現実的応答）がx_Rを超える確率は図の斜線で塗った面積，すなわち式で書けば，x_Rから無限大まで，応答の確率分布$f_D(x)$を積分した$\int_{x_R}^{\infty}f_D(x)dx$で表すことができる．ところが，耐力が$x_R$である確率（密度）は$f_R(x_R)$であるから，それも考慮すると，「耐力が$x_R$であり，かつ，応答がその耐力$x_R$を超える確率」は，両者をかけ合わせて，$f_R(x_R)\left\{\int_{x_R}^{\infty}f_D(x)dx\right\}$ということになる[(1)]．これは「耐力が$x_R$である」場合で，実際は耐力はばらついて，$x_R$は0から無限大まで取り得るので，これを0から無限大まで積分すれば，耐力と応答のばらつきを考慮して，すべての耐力より応答の方が大きくなるパターンを考慮した「損傷確率Pf」が評価できることになる．

［注］（1）$f_R(x_R)\left\{\int_{x_R}^{\infty}f_D(x)dx\right\}$は確率密度を示す．

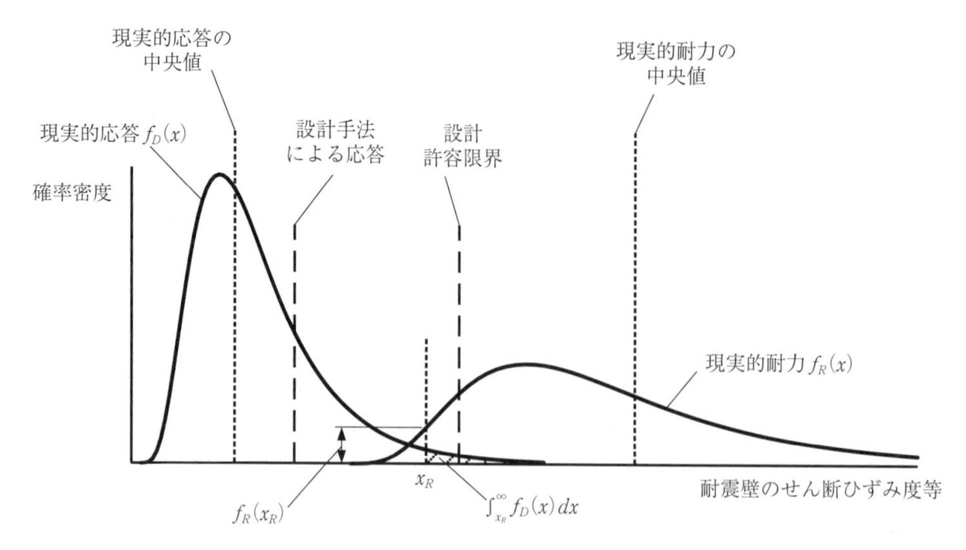

図 2.3 耐力と応答がばらつく場合の損傷確率の評価

解析条件および限界値について確率分布（中央値・標準偏差等）を設定し，非線形応答解析より応答の確率分布を算定すれば，耐力の限界値の確率分布との関係から，損傷確率 Pf を算定することができる．

損傷確率に対する評価は直感的に理解することは難しい．そのため，単一の入力評価のみでは適用範囲は限られるものの，応答値と限界値のばらつきを考慮できるため，「①応答値と限界値との比較による評価手法」の補完的な評価手法として用いることができると考えられる．

2.1.6 フラジリティ曲線による評価手法

フラジリティ曲線による評価手法は，地震 PRA 実施基準[12]において示されている手法である．フラジリティ曲線の詳細な解説は「付 2.1 各評価手法の関係」および「付 2.2 確率論的地震リスク評価」に示すが，以下にその概要を示す．

フラジリティ曲線とは，前項で説明した損傷確率 Pf を地震動強さ（入力地震動の最大加速度（地動最大加速度））の関数として評価することで得られる．すなわち，基準となる地震動に対するフラジリティ曲線は，その基準となる地震動の入力レベルを変えて「現実的応答」を評価し，すべての入力地震動レベルに対する損傷確率を評価することになる．入力地震動レベルが 0 のときは「現実的応答」も発生しないので損傷確率はゼロ，逆に入力地震動レベルが無限に大きければ，損傷確率は限りなく 1 に近づき，その間は，入力地震動レベルが大きくなるにつれ損傷確率も大きくなることから，フラジリティ曲線の形状は，図 2.4 に示すような曲線となる．

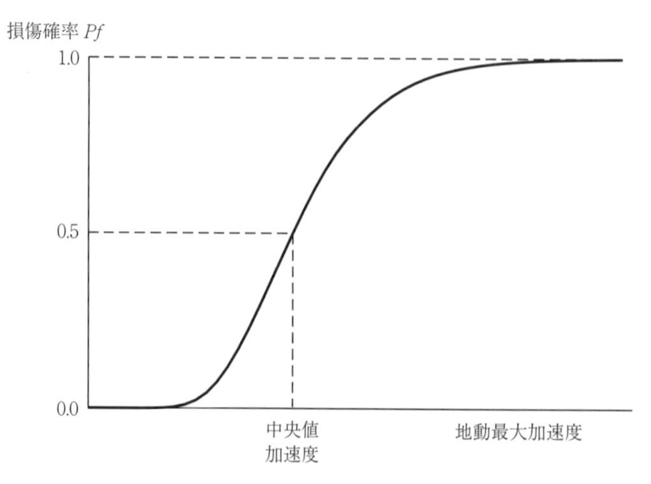

図 2.4 フラジリティ曲線の概念図

「④フラジリティ曲線による評価手法」は情報量が多く，多様な評価に反映できる可能性は高いものの，損傷確率に対する評価は直感的に理解することは難しい．一方で，地震ハザード評価や機器の評価と組み合わせることで真価を発揮できる評価手法であり，確率論的評価には不可欠な評価手法である．また，本手法の結果は，「①応答値と限界値との比較による評価手法」および「②保有耐震性能指標による評価手法」の結果を分析するのに役立つと考えられる．

2.2　ま　と　め

本章では，原子力建築物の耐震性能を評価するため，以下に示す4つの手法を取り上げ，それらの比較および評価手法の概要について示した．

①　応答値と限界値との比較による評価手法

②　保有耐震性能指標による評価手法

③　損傷確率による評価手法

④　フラジリティ曲線による評価手法

なお，4つの手法の関係については「付 2.1　各評価手法の関係」に詳しく示す．また，確率論的な評価の詳細については「付 2.2　確率論的地震リスク評価」に示している．

参考文献

1)　日本建築学会：鉄筋コンクリート造建物の耐震性能評価指針（案）・同解説，2014

2)　水野淳，島裕昭，成川匡文：原子炉建屋の耐震安全性評価法　その1　耐震安全性評価法の概要，日本建築学会大会学術講演梗概集，1994.7

3)　古村利幸，松本良一郎，土屋義正：原子炉建屋の耐震安全性評価法　その2　現実的応答評価のための建屋—地盤相互作用モデルの検討，日本建築学会大会学術講演梗概集，1994.7

4)　宇賀田健，鈴木馨，小林義尚：原子炉建屋の耐震安全性評価法　その3　因子のばらつきが現実的応答の変動に与える影響度について，日本建築学会大会学術講演梗概集，1994.7

5)　清水明，宮本明倫，佐藤芳幸：原子炉建屋の耐震安全性評価法　その4　現実的応答の算定精度の検討，日本建築学会大会学術講演梗概集，1994.7

6)　島裕昭，水野淳，成川匡文：原子炉建屋の耐震安全性評価法　その5　BWR型原子炉建屋の現実的応答の解析結果，日本建築学会大会学術講演梗概集，1994.7

7)　宮本明，清水明，土屋義正：原子炉建屋の耐震安全性評価法　その6　PWR型原子炉建屋の現実的応答の解析結果，日本建築学会大会学術講演梗概集，1994.7

8)　北原武嗣，瀬谷均，小林義尚：原子炉建屋の耐震安全性評価法　その7　BWR型原子炉建屋の耐震安全性指標の算定結果，日本建築学会大会学術講演梗概集，1994.7

9)　鈴木馨，宇賀田健，佐藤芳幸：原子炉建屋の耐震安全性評価法　その8　PWR型原子炉建屋の耐震安全性指標の算定結果，日本建築学会大会学術講演梗概集，1994.7

10)　難波秀雄，成川匡文：原子炉建屋の耐震安全性評価法　その9　耐震安全性評価法のまとめ，日本建築学会大会学術講演梗概集，1994.7

11)　松本良一郎，古村利幸，土屋義正：原子炉建屋の耐震安全性評価法　その10　耐震安全性指標Mの評価結果に関する考察，日本建築学会大会学術講演梗概集，1994.7

12)　日本原子力学会：原子力発電所に対する地震を起因とした確率論的リスク評価に関する実施基準（AESJ-SC-P006:2015）：日本原子力学会標準，2015.12

付 2.1　各評価手法の関係

本ガイドブックでは，4つの評価手法を提示しているが，これらはまったく独立した評価手法というわけではなく，それぞれの建物が有している耐震性能を異なる方法で表現していることに他ならない．言い換えれば，各建物は，本来，建物ごとに固有の耐震性能を有しているが，それを評価する方法が異なるために，結果として得られる定量値が異なっている，ということができよう．

以下に，本ガイドブックで提示した4つの評価手法の関係を説明するが，これらの関係性を理解することで，各手法の特徴が把握され，どのような場面でどの評価手法を用いれば一番適切かを判断する際の一助になるとともに，評価結果を適切に解釈することにも役立つと考える．

（1）　決定論的評価手法

4つの評価手法のうち，「①応答値と限界値との比較による評価」と「②保有耐震性能指標による評価」は，いずれも確定値を用いた評価である．

ⅰ）　応答値と限界値との比較による評価

まず，「①応答値と限界値との比較による評価」のイメージ図を付図 2.1.1 に示す．これは，許容応力度設計法における耐震設計と同じ考え方であり，設定した地震動に対する応答値と限界値（ここでは設計における終局限界であり，耐震壁のせん断ひずみ度を評価尺度とした場合は 4.0×10^{-3}）がそれぞれ確定値として与えられ，その大小関係で耐震性能を判定する．応答値が終局限界の値よりも小さければ，設計における終局限界に対して「耐震性がある」〔同図（1）および（2）〕，逆に応答値の方が終局限界の値より大きければ，設計における終局限界に対して「耐震性がない」〔同図（3）〕と判断される．

さらに，同じ「耐震性がある」場合であっても，応答値が終局限界の値に近いところにある場合〔同図（2）〕と，応答値が非常に小さく，終局限界の値に対して十分小さい場合〔同図（1）〕とでは，耐震性能の大きさに差があり，前者の方が後者に比べて，相対的に「耐震性能は低い」と解釈できる．

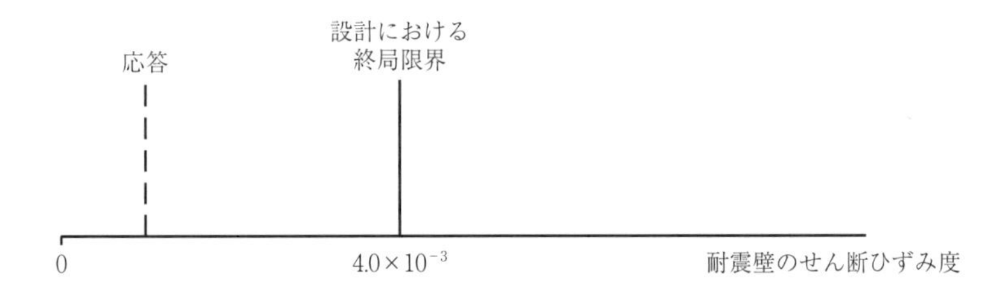

（1）　設計における終局限界に対して耐震性がある

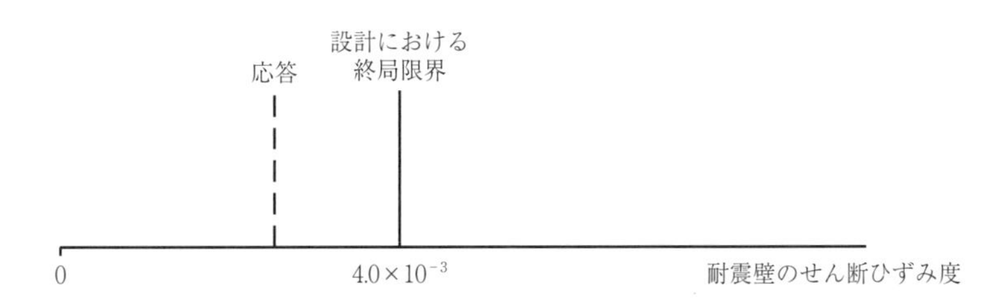

（2）　設計における終局限界に対して耐震性があるが，（1）よりは耐震性能は低い

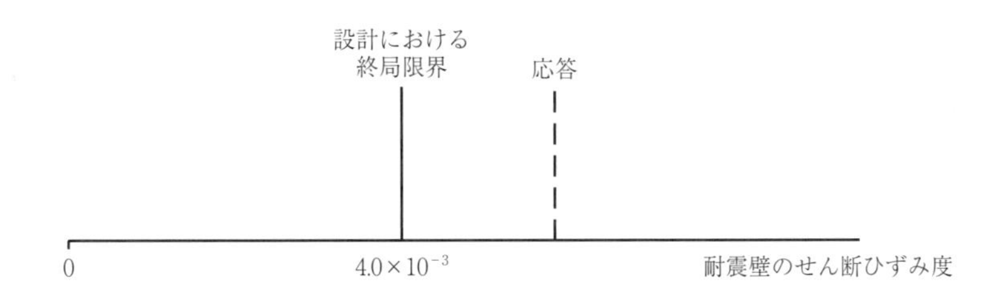

（3）　設計における終局限界に対して耐震性がない

付図 2.1.1　応答値と限界値との比較による評価のイメージ図

それでは，付図 2.1.1 のように応答値だけしか考えない場合，耐震性能の大きさを定量的に評価することはできるであろうか．例えば，設定した地震動に対して応答せん断ひずみ度が 1.0×10^{-3} だった場合，応答値の 1.0×10^{-3} を限界値である 4.0×10^{-3} で割れば「限界値に対して応答値は 25％」という定量化はできるし，逆に限界値を応答値で割れば「限界値は応答値の 4 倍」という値を求めることはできる．相対的な比較だけであれば，「限界値が応答値の 4 倍」である建物は，「限界値が応答値の 2 倍」である建物に比べて，「相対的に耐震性能は高い」ということはできるであろう．しかしながら，この「4 倍」とか「2 倍」という値がどのような意味を持つのかを考えた場合，この値は，決して「4 倍（あるいは 2 倍）の地震力に耐えられる」ということを意味するわけではない．「何倍の地震力に耐えられるか」を評価するためには，次項に示す「保有耐震性能指標による評価」を用いる必要がある．

ii）　保有耐震性能指標による評価

付図 2.1.2 は，鉄筋コンクリート（RC）造耐震壁に対する，荷重—せん断ひずみ度関係の一般的な挙動を示したものである．荷重（地震力）がある程度の大きさまでは，荷重の大きさとせん断ひずみ度の大きさはほぼ直線的な関係で挙動する．しかしながら，コンクリートに多数のひび割れが発生し鉄筋が降伏し始めると，RC 造耐震壁の剛性は低下し，荷重が少し大きくなっただけで，せん断ひずみ度が急激に進展するような非線形挙動を示すことになる．

このような非線形挙動を考慮すると，例えば，図 2.1.2 に示す例では，終局限界に対して，応答値（耐震壁のせん断ひずみ度）が 4 倍あったとしても，荷重の大きさ（図の縦軸）で見てみれば，荷重が 1.6 倍になったときに終局限界に達することになる．同様に，終局限界に対して応答値が 2 倍であるケースでは，荷重が 1.2 倍大きくなっただけで応答値が終局限界に達することがわかる．

このように，応答値（図の横軸）でも荷重の大きさ（図の縦軸）でも，それぞれ終局限界に対する比は評価できるものの，建物の「耐震性能」を定量化し，それを具体的な値として表現する場合には，直感的には「設定した地震動の何倍まで耐えられるか」というように，荷重の大きさ，例えば，「入力地震動に対して何倍まで耐えられる」と表現した方が分かりやすく，具体的な値と直感的なイメージが一致しやすいと考えられる．

そこで，設定した地震動の大きさに対して，応答値が終局限界に達するまでの地震動の倍率αを「保有耐震性能指標」と称し，この指標の値をもって耐震性能を定量化する手法が②の保有耐震性能指標による評価ということになる．

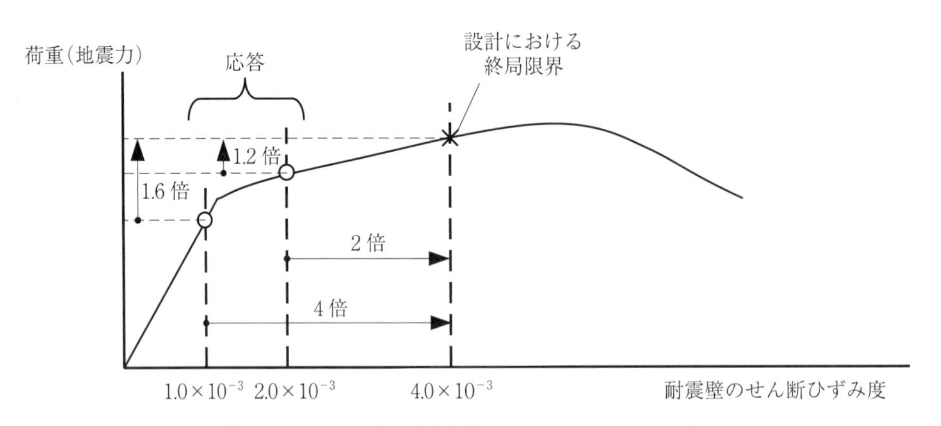

付図 2.1.2　保有耐震性能指標による評価のイメージ図

（2）　確率論的評価手法

ⅰ）　損傷確率による評価

前節では，確定値による耐震性能評価手法について示したが，実際の応答や耐力には不確実さがあり，その値はばらつくことが一般的である．例えば，まったく同じ RC 造耐震壁の試験体を作成して加力試験をしたとしても，終局耐力はまったく同じ値になることはない．特に複雑な建物になればなるほど，その応答や耐力の不確実さは大きくなると考えられる．

そのような様子を表したのが付図 2.1.3 である．付図 2.1.3 には，「（1）決定論的評価手法」で示した確定値（応答値や設計における終局限界）も参考のために破線で示しているが，一般に設計における終局限界は，実耐力に対して安全側に設定されているため，実際の耐力（現実的耐力）の「中央値」に対して小さめに設定されている．

ここで，「中央値」とは，ばらついた値に対して，それよりも大きい値である確率も小さい値である確率も等確率，すなわち 50％ずつになる値である．正規分布のようにばらつき具合が左右対称の場合，平均値と中央値は一致するが，対数正規分布のように，ばらつき具合が歪んで左右非対称の場合には，平均値と中央値は必ずしも一致しない．

一方，応答の方は，実際の応答（現実的応答）に対して設計応答の方が保守的になるのが一般的であるので，実際の応答の中央値に対して，設計応答は大きめになると考えられる．

なお，付図 2.1.3 はイメージ図ではあるが，耐力のばらつき具合に比べて，応答のばらつき具合は小さくなるように図化している．一般的には，地震動は不確実さが相対的に大きく，地震による応答は比較的大きくばらつくイメージがある．しかしながら，ここでは，「ある特定の地震動」が建物に入力したときの応答の不確実さを表しており，付図 2.1.3 のイメージ図の中には，地震動そのものの不確実さは含まれていないことに注意する必要がある．

さて，このとき，このような不確実さを持った建物の耐震性能をどのように定量化するかが問題となる．確定値であれば単純に比を用いれば良かったが，応答も耐力も確率分布なので，その比自体も確率分布となり，単純に比を取るだけでは，耐震性能を分かりやすく表現することができない．そこで，応答と耐力が確率分布として評価される場合は，「応答が耐力を超える確率」，すなわち「損傷確率」という値で評価することで，一つの値として耐震性能を定量化することが可能となる．

損傷確率 Pf は，式で書くと，次のように表現できる．

$$Pf=\int_0^\infty f_R(x_R)\left\{\int_{x_R}^\infty f_D(x)dx\right\}dx_R \qquad \text{（付式 2.1.1）}$$

ここで，$f_R(x)$ は耐力の確率分布（確率密度関数），$f_D(x)$ は応答の確率分布（確率密度関数）である．付図 2.1.3 と対応させて説明すると，実際の耐力（現実的耐力）がばらついて，x_R という値だった場合，ばらついている実際の応答（現実的応答）が x_R を超える確率は図の斜線で示す面積，すなわち式で書けば，x_R から無限大まで，応答の確率分布 $f_D(x)$ を積分した $\int_{x_R}^{\infty} f_D(x)dx$ で表すことができる．ところが，耐力が x_R である確率（密度）は $f_R(x_R)$ であるから，それも考慮すると，「耐力が x_R であり，かつ，応答がその耐力 x_R を超える確率（密度）」は，両者をかけ合わせて，$f_R(x_R)\left\{\int_{x_R}^{\infty} f_D(x)dx\right\}$ ということになる．これは，「耐力が x_R である」場合で，実際は耐力はばらついて，x_R は 0 から無限大まで取り得るので，これを 0 から無限大まで積分すれば，耐力と応答の不確実さを考慮して，すべての耐力より応答の方が大きくなるパターンを考慮した「損傷確率 Pf」が評価できることになる．

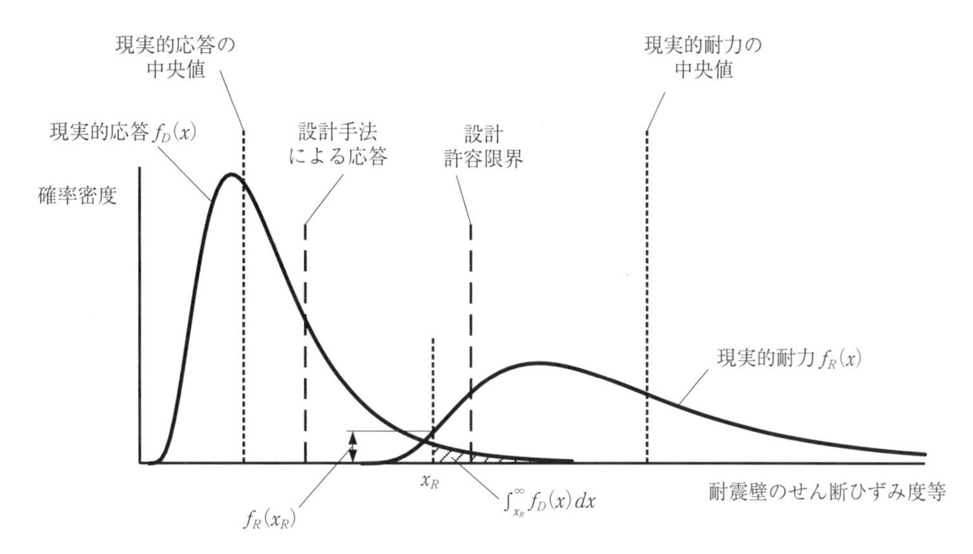

付図 2.1.3　耐力と応答がばらつく場合の損傷確率による評価のイメージ図

以上は，応答や耐力の確率分布が任意の場合の説明であるが，応答や耐力が任意の不確実性を有する場合には，応答と耐力の確率分布（確率密度関数）を評価して，さらに付式 2.1.1 に基づき数値積分を行わなければ，損傷確率 Pf を計算することができない．しかしながら，応答や耐力の確率密度関数を厳密に評価することは難しい．例えば，上記の例で，RC 造耐震壁の終局耐力の厳密な確率密度関数を評価する場合，何百体という試験体を作成して実験を繰り返さなければならない．また，実際の応答や耐力は，あまり極端な分布形状にはならず，おおむね付図 2.1.3 に示したような「釣鐘型」になる場合が多い．

そこで，現実的応答 $f_D(x)$ も現実的耐力 $f_R(x)$ も，「釣鐘型」の確率分布のうち代表的な理論分布である対数正規分布に従うと仮定して評価する場合が多い．

なお，ここで，同じ釣鐘型分布の代表格である正規分布に従うと仮定せず，対数正規分布に従うと仮定した理由は以下の通りである．

正規分布に従う確率変数の定義範囲は $-\infty$ から $+\infty$ までで，ゼロより小さい負の値も取り得ることになってしまうが，応答や耐力は負の値となることはない（軸応力度など，圧縮を負，引張を正として表現することもあるが，圧縮応答を負で表現した場合，その耐力もやはり負である必要があり，結局は応答と耐力を比較する場合には，符号は関係ないことになる）．それに対して，対数正規分布に従う確率変数の定義範囲はゼロから $+\infty$ であり，負の値を取ることはない（付図 2.1.3 は「任意の確率分布」のイメージ図ということで説明してきたが，付図 2.1.3 は，実は対数正規分布をイメージしており，負側には定義されず，正側に裾野が広がるような分布形となる）．

また，応答と耐力を対数正規分布に従うと仮定することで，応答と耐力の比も対数正規分布に従うことになり，取り扱いやすくなるという利点もある．

以上の理由から，現実的応答や現実的耐力の確率分布を対数正規分布で近似する場合が多い．

このように，現実的応答と現実的耐力が，それぞれ対数正規分布に従うと仮定すると，付式 2.1.1 で表現された損傷確率は，次式のように表現し直すことができる．

$$Pf = 1 - \phi\left(\frac{\ln(m_R/m_D)}{\sqrt{\zeta_R{}^2 + \zeta_D{}^2}}\right) \qquad \text{（付式 2.1.2）}$$

ここで，$\phi(\ )$　：標準正規確率分布関数

　　m_R，m_D：それぞれ，現実的耐力 $f_R(x)$ および現実的応答 $f_D(x)$ の中央値

　　ζ_R，ζ_D　：それぞれ，現実的耐力 $f_R(x)$ および現実的応答 $f_D(x)$ の対数標準偏差

標準正規確率分布関数，対数正規分布の中央値および対数標準偏差の詳しい説明については専門書に委ねるが，標準正規確率分布関数とは，平均値ゼロ，標準偏差 1 の正規分布の確率分布関数を表す関数である．この関数は数値解析によらないと解くことができない関数であるが，表計算ソフトには，あらかじめ関数として用意されているものが多い．また，対数正規分布の中央値や対数標準偏差は，正規分布における平均値や標準偏差に対応するものであり，対数正規分布の分布形状やばらつき具合は，この中央値と対数標準偏差の値さえ決めれば一意に定まることになる．

すなわち，付式 2.1.2 からわかるように，現実的応答 $f_D(x)$ も現実的耐力 $f_R(x)$ も対数正規分布に従うと仮定すると，損傷確率は，それぞれの中央値と対数標準偏差の値さえ評価すれば，数値解析を行うことなく（表計算ソフト等は必要ではあるが），損傷確率を評価することができることになる．

例えば，現実的応答であれば，建物や地盤の物性値をばらつかせた地震応答解析を実施することで，応答の中央値や対数標準偏差を求めることができる．また，現実的耐力であれば，RC 造耐震壁の終局せん断ひずみ度を例にすれば，これまでに実施されてきた RC 造耐震壁の加力試験で得られた終局せん断ひずみ度を統計処理することによって，耐力（ここではせん断ひずみ度だが）の中央値や対数標準偏差を求めることができる〔具体的には付 5.1 参照〕.

なお，上述のように，標準正規確率分布関数 $\phi(\ )$ の引数は一つで，得られる結果も一つであるから，得られる損傷確率と引数は一対一の関係になる．そこで，表計算ソフト等を用いないと計算できない標準正規確率分布関数を用いずに，その引数そのものを損傷確率の代わりに用いることもしばしば行われ，付式 2.1.2 の（　）内を「信頼性指標 β_M」と称し，この値の大きさによって，耐震性能の大小を判断することもある．すなわち，信頼性指標 β_M は次式となる．

$$\beta_M = \frac{\ln(m_R/m_D)}{\sqrt{\zeta_R{}^2 + \zeta_D{}^2}} \qquad \text{（付式 2.1.3）}$$

付図 2.1.4 には，信頼性指標 β_M と損傷確率 Pf の関係を示す．このように，信頼性指標 β_M と損傷確率 Pf の関係は一対一の関係になっているが，信頼性指標 β_M がゼロのときに損傷確率 Pf は 0.5 の値を取る．そして，β_M が負のときは Pf は 0.5 以上となり，逆に β_M が正の値で大きくなればなるほど，Pf は限りなくゼロに近づいていく様子がわかる．

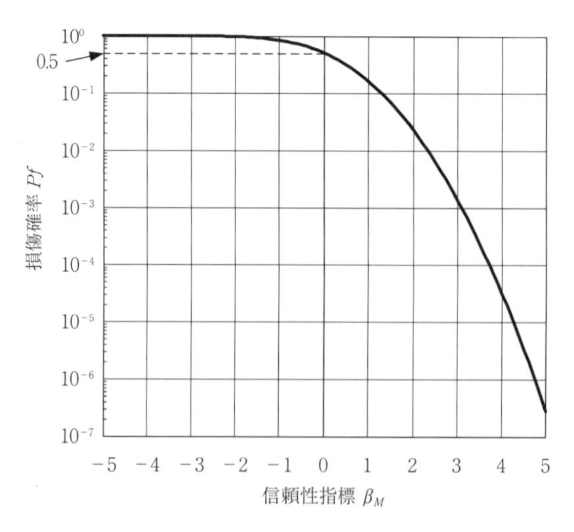

付図 2.1.4　信頼性指標 β_M と損傷確率 Pf の関係

いずれも対数正規分布に従う 2 つの確率変数 x と y があった場合，x を y で割った $z=x/y$ も，やはり対数正規分

布に従う確率変数となり，その中央値 m_z と対数標準偏差 ζ_z は，もとの二つの確率変数の中央値（m_x，m_y）と対数標準偏差（ζ_x，ζ_y）から評価することができる．

z の中央値：$m_z=m_x/m_y$　(付式 2.1.4)

z の対数標準偏差：$\zeta_z=\sqrt{\zeta_x{}^2+\zeta_y{}^2}$　(付式 2.1.5)

これらの式と付式 2.1.3 を比較すると，信頼性指標 β_M は，明らかに，現実的耐力を現実的応答で割って得られた確率変数の中央値と対数標準偏差から成り立っていることがわかる．すなわち，損傷確率と信頼性指標は一対一の関係であったが，さらに信頼性指標は，現実的耐力を現実的応答で除したものと一対一の関係にあることとなり，その結果，損傷確率は現実的耐力を現実的応答で除したものと一対一の関係にあることになる．

以上は，一般には「古典的信頼性理論」と呼ばれるものであり，Freudenthal 等[1]によって提唱されたものであるが，この考え方を日本の原子力発電所施設に適用・検討したのが文献 2）である．この文献 2）では，現実的耐力を現実的応答で割ったものを，「耐震安全性指標 M」と称することとし，現実的な応答と耐力の不確実さを考慮した場合の耐震性能を表す指標として定義することが行われた．文献 2）の表記に従えば，次式のようになる．

$$\text{耐震安全性指標 M}=\frac{\text{現実的耐力 R}}{\text{入力地震動に対する現実的応答 D}}\qquad\text{(付式 2.1.6)}$$

ここで，右辺の分母には「入力地震動に対する～」というただし書きが付加されている．これは，本ガイドブックでも文献 2）でもそうであるが，ある基準となる地震動を設定し，それに対する建物の耐震性能を評価することを目的としているためで，入力地震動そのものの不確実さは考慮しないことを意味している．このように，地震動の不確実さを考慮せず，ある特定の基準となる地震動に対して評価することにしているのは，地震動の不確実さは，建物そのものの不確実さに比べて相対的に大きいため，地震動の不確実さまでも考慮してしまうと，建物が持つ耐震性能が地震動の不確実さの中に埋もれてしまい，建物固有の耐震性能そのものを明確に定量化できなくなってしまうからである．

なお，定義からもわかるように，この耐震安全性指標 M は，「指標」という名称ではあるが，例えば，信頼性指標のような一つの値（確定値）ではなく，不確実さを有する確率変数である．さらに，原子力建築物では，多数の機器や設備があり，それらの耐震性能を，この耐震安全性指標 M，あるいはそれと一対一で対応する信頼性指標 β_M で評価しようとしたときに，すべての機器や設備に対する応答や耐力のばらつき具合（対数標準偏差）まで評価することは非常な労力を費やすことになるし，ばらつき具合を精度よく定量化できるだけのデータも不十分である場合も多い．

そこで，建物だけではなく，原子力建築物の多数の機器や設備までをも統一的な耐震安全性指標 M で評価する際の現実的な対応として，「応答と耐力の不確実さは，異なる機器や設備であっても，それほど大きく異なることはない」と仮定し，現実的応答の中央値と現実的耐力の中央値の比，すなわち「耐震安全性指標 M の中央値」のみで評価する検討を行っている[3]．具体的には，「耐震安全性指標 M の中央値」に対して，一般建築と原子炉建屋の値の比較や，模型実験との比較を行い，その値の位置付けを確認している．

このように，現実的応答の中央値と現実的耐力の中央値の比，言い換えれば耐震安全性指標 M の中央値は，建物も含めて複数ある機器や設備の耐震性能の相対的な大小を，「応答と耐力のばらつき具合は同程度である」という仮定の上で比較するときには意味のあるものである．しかしながら，付式 2.1.3 から分かるように，損傷確率に対応する信頼性指標を計算する際に，分母である耐震安全性指標 M の対数標準偏差を無視していることになるので，上述のように，文献 3）では，いろいろな検討を行ってはいるものの，絶対値としては，あまり意味は持たないことに注意する必要がある．

ii）　フラジリティ曲線による評価

「(地震）フラジリティ曲線（(Seismic）Fragility curve，（地震）損傷度曲線)」とは，任意の入力地震動の大きさに対して建物が損傷する確率を表現したものであり，「確率論的リスク評価」において，入力地震動の発生確率を評価した「地震ハザード曲線」と組み合わせて用いられるのが一般的である〔付 2.2 参照〕．

なお，「損傷確率」には，前項のように，任意の地震動に対して評価される建物の「損傷確率」と，確率論的リスク評価のように，地震の発生確率までを考慮して得られる建物の「損傷確率」の 2 種類がある．建物に損傷を与えるような地震の発生確率は極めて小さいので，後者のように地震の発生確率まで考慮した損傷確率は，任意の地震動に対して評価される前者の損傷確率と比較すると非常に小さな値になる．本来は，地震が発生しなければ建物は損傷しないわけであるから，「建物の損傷確率」と称した場合は，後者のように地震の発生確率も考慮した損傷確率を示すべきであるが，建物自体の耐震性能を定量化する場合には，地震の発生確率とは関係なく，任意の地震動に対して，どの程度の損傷確率となるかを評価することも有用である．いずれにしても，同じ損傷確率といっても，その意味合いも異なり，評価される値も大きく異なるものに注意する必要がある．両者を区別するために，ある任意の地震動に対して，その地震が発生したという条件下で評価される損傷確率を「条件付き損傷確率」と称し，前項で示した損傷確率や，以下のフラジリティ曲線の縦軸である損傷確率は，厳密には「条件付き損傷確率」ということになるが，ここでは，特に両者の区別なく，同じ「損傷確率」ということで表現する．

具体的には，フラジリティ曲線は，縦軸に損傷確率，横軸に地震動の大きさ（強さ）を取ったものであり，付図2.1.5に示されるように，横軸の地震動の大きさ（図では地動最大加速度）が大きくなるほど，縦軸の損傷確率が大きくなり，損傷確率＝1.0に漸近していく漸増曲線になるのが一般的である．前項では，ある特定の地震動に対する信頼性指標から損傷確率を評価していたが，フラジリティ曲線では，一つの地震動レベルではなく，例えば地震動の最大加速度を連続的に変化させて，それぞれの最大加速度に対応した損傷確率を耐震安全性指標の場合と同様に評価していき，それらを一つの曲線として表したものになるわけである．このとき，地震動の大きさに応じた周期特性や経時特性を有する地震動を入力するのが原則であるが，地震動の大きさが変わっても地震動の周期特性等が大きく異ならない場合は，基準となる地震動を係数倍して評価することも考えられる．

なお，実際の評価では，付図2.1.5のように連続的に損傷確率を評価することは困難なので，いくつかの地震動レベルに対して離散的に損傷確率を評価し，それらを任意の曲線に近似して評価することが行われる．このとき，任意の曲線は，当然，フラジリティ曲線の基本的な条件である「漸増」，「地震動レベルが大きくなると1に漸近する」を満足していなければならないが，これらの条件を満たすものの一つとして，対数正規分布の累積分布関数を使って近似する場合が多い．

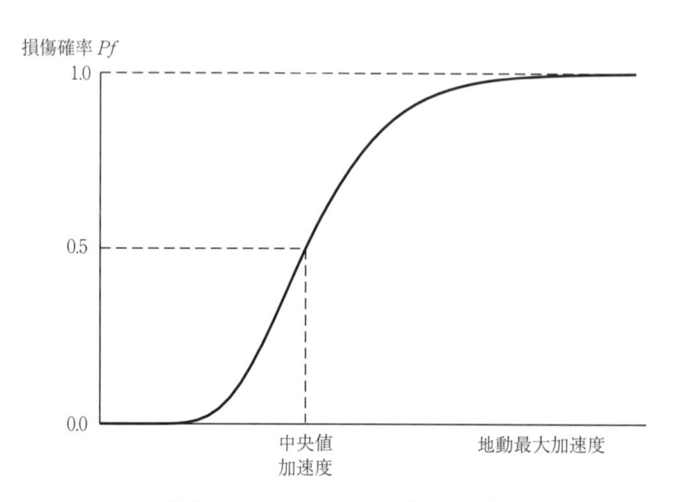

付図 2.1.5　フラジリティ曲線の概念図

さて，このように，フラジリティ曲線とは，前項の耐震安全性指標による損傷確率に対して，入力地震動のレベルを連続的に変化させて評価したものであるが，入力地震動レベルに応じた地震動を使うかどうかは別にして，入力地震動レベルを上げていく，という観点で見れば，前項の「決定論的評価手法」で示した「応答値と限界値との比較による評価」と「保有耐震性能指標による評価」との関係に似ていると考えられる．すなわち，保有耐震性能指標による評価も，フラジリティ曲線も，前者は応答値や限界値を確定値として評価しているのに対して，後者は確率分布として取り扱うという違いがあるだけで，両者ともに入力地震動レベルを上げて応答を評価するという点においては同じである．

なお，保有耐震性能指標については，「設定した基準となる地震動に対して何倍か」という評価を行うため，基準となる地震動をそのまま係数倍していけばよい．それに対して，フラジリティ曲線の方は，「それぞれの地震動レベルに対する損傷確率を評価したもの」であるので，厳密にいえば，それぞれの地震動レベルに応じた地震波を用いて評価する必要がある．すなわち，地震動レベルが小さい地震波と，地震動レベルが大きい地震波とでは，その周期特性や継続時間も異なるものになると考えられるので，それぞれの地震動レベルに対応した入力地震波で評価する必要があるわけである．ただし，地震ハザード解析によって得られた一様ハザードスペクトル〔付 3.2 参照〕については，入力レベルが変わっても，その周期特性が大きく異ならないケースもある．このような場合には，基準となる地震動を係数倍してフラジリティ曲線を評価することもしばしば行われている．いずれにしても，同じ「入力地震動レベルを上げていく」といっても，保有耐震性能指標とフラジリティ曲線では，その意味合いが異なることに注意する必要がある．

本項の冒頭でも述べたように，このようにして得られたフラジリティ曲線は，一般的には地震ハザード曲線と組み合わせることで，対象とする建物の損傷確率（与えられた地震動に対する条件付き損傷確率ではなく，地震動の発生確率も考慮した損傷確率）を評価することができる．しかしながら，フラジリティ曲線単独では，保有耐震性能指標のように，応答が限界値に達したときの入力倍率で耐震性能を定量化することは難しいと考えられる．

例えば，応答値と限界値の平均的な値を代表値として扱い，保有耐震性能指標のように，基準とする入力地震動レベルを α 倍して，現実的応答の中央値が現実的耐力の中央値に達した状態を考えてみる〔付図 2.1.6 参照〕．このときの入力加速度は「中央値加速度」と称され，付図 2.1.5 のフラジリティ曲線でいえば，損傷確率が 0.5（50％）に相当することになる．損傷確率が 50％ということは，「壊れるか壊れないか五分五分」ということであり，そのような状態に対する入力倍率を評価しても，それが耐震性能の大きさを表す指標として使えるとは言い難いであろうし，不確実さについてはまったく考慮していないので，応答値や限界値を確率分布として扱っている意味がない．

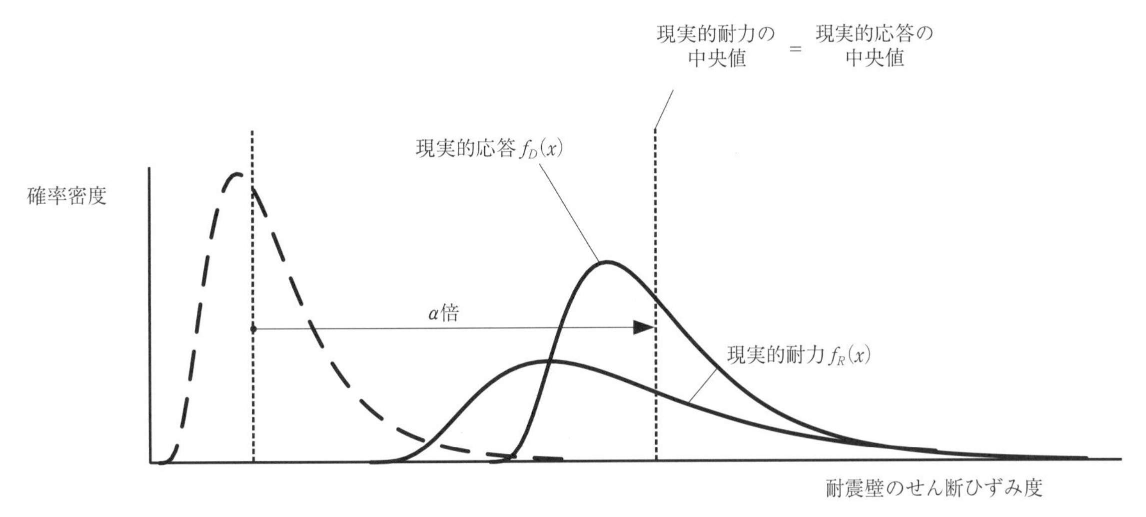

付図 2.1.6　基準とする地震動を α 倍することによって，現実的応答の中央値が現実的耐力の中央値に達するというイメージ図

このように，フラジリティ曲線の場合は，単純に入力地震動レベルを上げていって，応答値が限界値に達するときの入力加速度レベルを求めるだけでは，うまく耐震性能を定量化することができない．保有耐震性能指標の場合の設計における終局限界がそうであったように，「そこまで達してもほとんど壊れない（損傷確率は非常に小さい）」という値を，何らかの指標として設定し，その指標値に対応する入力地震動レベルを，フラジリティ曲線から求める必要がある．

このような損傷確率の指標として，原子力建築物を対象とした確率論的リスク評価（PRA）では，「HCLPF」という損傷確率を用いている．HCLPF に関する詳細な説明は「付 2.2　確率論的地震リスク評価」に委ねるが，HCLPF とは High Confidence of Low Probability of Failure の頭文字を取ったもので，「高い信頼度を有する，低い損傷確率」という意味であり，現実的に起こり得る可能性が極めて小さい確率として定義されている．

(3) 決定論的評価に対する確率論的評価の位置付け

以上のように，本ガイドブックで取り上げた4つの手法は，「決定論的な評価」と「確率論的な評価」の2つに大別される．両者の定性的な関係については，これまで説明した通りであるが，両者の定量的な関係を以下に概説する．

耐震安全性指標のところで説明したように，現実的な応答や耐力を確率論的に考慮することで，損傷確率という形で対象構造物の耐震性能を定量化することができる．損傷確率は，不確実さも考慮して評価されるため，より情報量の多い指標値と考えられる．

それに対して，保有耐震性能指標のように決定論的に評価された指標値は，不確実さ（具体的には，対数正規分布を仮定した場合には対数標準偏差）を直接的には考慮していないため，損傷確率に比べると，考慮している情報量が少ないことになる．しかしながら，保有耐震性能指標を評価する際に設定する応答値や耐力値は，付図2.1.3に示したように，それぞれの不確実さを含む現実的な値の平均的な値（中央値）に対して保守的に設定された値を用いることになるため，その保守性（一般には安全率と称される場合が多い）の中に不確実さの情報があらかじめ考慮されていると考えることができる．

このとき，応答や耐力の不確実さが，対象とする構造物や立地する敷地の条件等により大きく異なる場合には，対象構造物ごとに，不確実さに応じた応答や耐力の値を用いて保有耐震性能指標を評価しなければ，建物ごとに得られた保有耐震性能指標の値を相対比較することができない．しかしながら，本ガイドブックで対象とする原子力建築物は，いずれも構造形式はRC壁式であり，立地する地盤も岩盤上ということで，応答や耐力に内在する不確実さには，それほど大きな違いはないと考えられる．実際，耐力に対しては，付5.1に示したように，現実的な終局せん断ひずみ度の不確実さを考慮して設計における許容限界であるせん断ひずみ度2.0×10^{-3}が設定されている．さらに，応答に関しても，応答が小さい場合は比較的不確実さは大きいものの，保有耐震性能指標を評価するのに必要な応答が終局せん断ひずみ度付近になるような場合には，付図2.1.7に示すように，最大応答せん断ひずみ度の対数標準偏差は，0.2程度以下の一定値に収まっていることが確認されている[4]．

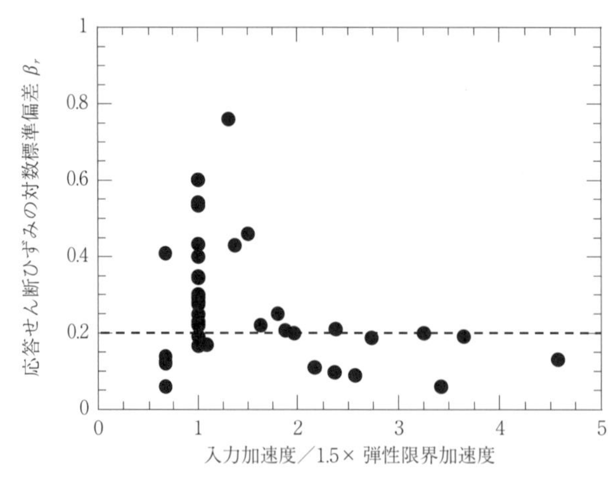

付図2.1.7 最大応答せん断ひずみ度の対数標準偏差 β_r の例[4)に加筆]

そこで，最大応答せん断ひずみ度および終局せん断ひずみ度ともに対数正規分布に従うと仮定し，現実的な終局せん断ひずみ度の中央値および対数標準偏差は，実験結果を統計処理して得られた値（中央値：5.21×10^{-3}，対数標準偏差：0.237〔付5.1参照〕）を用い，最大応答せん断ひずみ度の対数標準偏差は上述のように0.2として，最大応答せん断ひずみ度の中央値と損傷確率の関係を，付式2.1.2に基づき評価した．結果を付図2.1.8に示す．これによると，最大応答せん断ひずみ度が設計用許容限界である2.0×10^{-3}のときの損傷確率は，おおむね0.1％，3.0×10^{-3}を設定した場合は損傷確率が4％程度，設計用終局限界である4.0×10^{-3}のときの損傷確率は，おおむね20％であることがわかる．これは，保有耐震性能指標を評価する際，限界値として設定した値と損傷確率の関係を表していることになる．

なお，付 5.1 に示されるように，実験結果を統計処理して得られた終局せん断ひずみ度の統計量から，平均値—標準偏差（それを下回る確率は約 16％）および 95％信頼限界値（それを下回る確率は 5％）を評価し，それらをそれぞれ保守側に丸めて設定されたものが 4.0×10^{-3} および 3.0×10^{-3} である．上述のように，応答の不確実さを考慮して，最大応答せん断ひずみ度が 4.0×10^{-3} および 3.0×10^{-3} のときの損傷確率を評価した結果が，終局せん断ひずみ度の統計量から，平均値—標準偏差（それを下回る確率は約 16％）および 95％信頼限界値（それを下回る確率は 5％）を評価した結果と，ほぼ同程度の 20％ および 4％ 程度になったのは，4.0×10^{-3} や 3.0×10^{-3} がそれぞれ保守側に設定されている一方で，応答の不確実さを考慮することで非保守的になる影響がちょうどキャンセルされたためである．さらに，設計における許容限界の 2.0×10^{-3} は，4.0×10^{-3} に対して 2.0 の安全率の目安値を考慮しているが，この目安値の 2.0 は損傷確率で見ると，20％ 程度から 0.1％ へ低減させる効果に対応することになる．

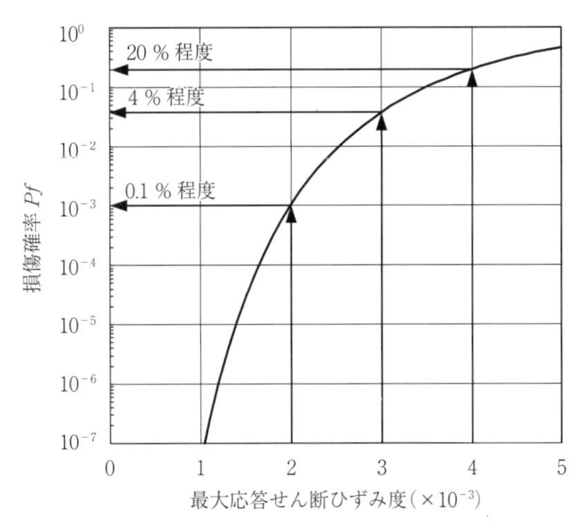

付図 2.1.8　最大応答せん断ひずみ度と損傷確率の関係

参考文献

1）Freudenthal, A.M., Garrelts, J.M. and Shinozuka, M.: The Analysis of Structural Safety, J. Struct. Div., Proc. ASCE, Vol. 92, No. ST1, pp. 267-325，1966

2）水野淳，島裕昭，成川匡文：原子炉建屋の耐震安全性評価法（その 1 耐震安全性評価法の概要），日本建築学会大会学術講演梗概集，構造 II，2815，pp. 1629-1630，1994.9

3）松本良一郎，古村利幸，土屋義正：原子炉建屋の耐震安全性評価法（その 10 耐震安全性指標 M の評価結果に関する考察），日本建築学会大会学術講演梗概集，構造 II，2824，pp. 1647-1648，1994.9

4）三明雅幸，小林和禎，水野淳，杉田浩之，美原義徳：原子力発電所建屋のフラジリティ評価における不確実さの検討（その 1）偶発的不確実さの影響に関する検討，日本建築学会大会学術講演梗概集，21552，pp. 1103-1104，2005.9

付 2.2　確率論的地震リスク評価

本ガイドブックでは，4 つの評価手法を提示しているが，このうち，「③損傷確率による評価」と「④フラジリティ曲線による評価」については，確率論をベースにした評価手法となっている．前者の損傷確率による評価については，付 2.1 の中で解説しているので，ここでは，特に後者のフラジリティ曲線による評価の理解を深めるために，原子力発電所における事故発生の可能性を評価する確率論的地震リスク評価（いわゆる地震 PRA : Probabilistic Risk Assessment）の中で，フラジリティ曲線がどのように活用されるのかについて解説する．

（1）　ハザード曲線とフラジリティ曲線

本ガイドブックでは，地震動そのものの不確実さは考慮せず，ある特定の地震動に対する建物の耐震性能を求める手法について示している．しかしながら，まったく同じ地震が将来発生することはあり得ず，非常に大きな不確実さを持っていることは経験的にも明らかである．また，建物の耐震性に影響を与えるような大地震は，比較的頻発するものもあれば，逆に何万年に一度しか発生しないものもある．例えば，太平洋プレートの沈み込みで発生する南海トラフの地震は，過去の地震記録によれば，100～200 年周期で発生している．一方，1995 年（平成 7 年）の阪神淡路大震災を起こした活断層は数千年に 1 度程度しか地震を発生させないと考えられている．

地震 PRA は，このような地震動の不確実さ（地震動レベルの不確実さや発生頻度の大小）も含めた上で，構造物だけではなく，その中にある機器や設備の損傷確率を評価することで，構造物に要求される機能（例えば，原子力建築物であれば，安全上重要な設備を支持する機能）を喪失する確率を評価するものである．すなわち，建物に対象を絞った上で説明すると，対象構造物が建つ敷地周辺（敷地に建つ建物に影響を与える地震動なので，せいぜい敷地からの距離が 100～200 km 以内）で発生する可能性がある地震すべてに対して，それぞれの地震が発生した場合の建物損傷確率を評価し，それらを総和することで，敷地周辺で発生するすべての地震を考慮した場合の損傷確率を評価することになる〔付図 2.2.1 の上の図〕．

ただし，このとき，敷地周辺に存在するすべての地震動一つ一つに対して，建物の損傷確率を評価するとなると，多大な計算労力がかかってしまうことになる．そこで，実務的には，地震動の発生確率を評価した「地震ハザード曲線」と，ある地震動が与えられた場合の建物の条件付き損傷確率を表す「フラジリティ曲線」の 2 ステップに分けて評価し，最後にこれらをかけ合わせることで，敷地周辺で発生するすべての地震に対して，その発生確率も考慮した損傷確率を求めることが行われる．このように 2 ステップに分けて評価することにより，フラジリティ曲線は，ある特定の地震動に対してのみ評価すればよいことになる〔付図 2.2.1 の下の図〕．

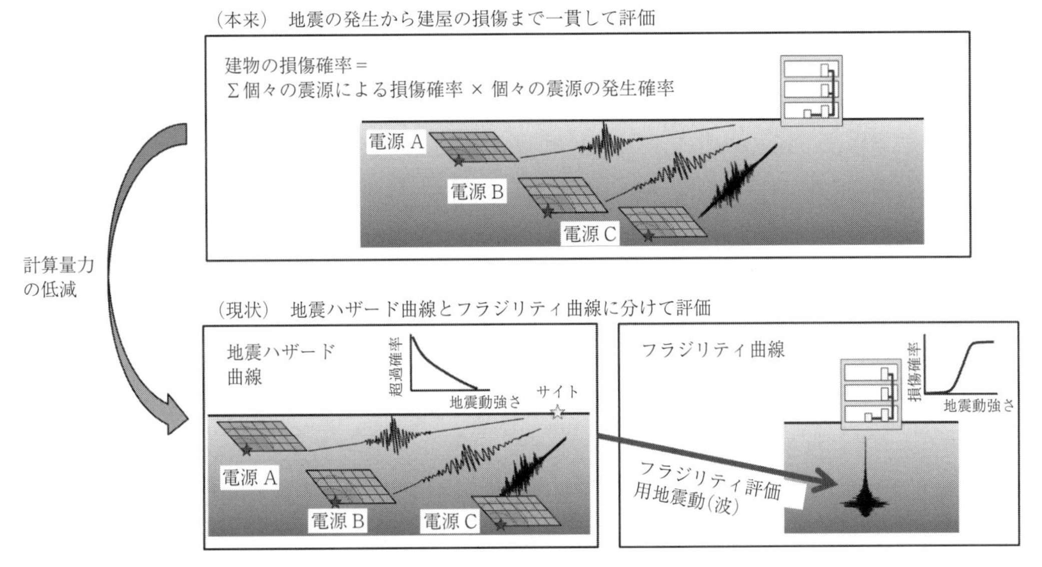

付図 2.2.1　損傷確率を地震ハザード曲線とフラジリティ曲線に分けて評価した場合の概念図

以上のように，フラジリティ曲線は，地震 PRA 評価の中で，地震ハザード曲線とセットとして用いられることになる．

（2）　信頼度ごとのフラジリティ曲線

確率論に基づいた評価で最終的に定量化される値は，「損傷確率」とか「機能喪失確率」といったような確率値である．それでは，この得られた確率の値は 100％確実な値なのであろうか．

例えば，天気予報の降水確率は，日本の場合，1980 年代から始まったが，その当時も今と同じように「降水確率○○％」と発表されていた．しかしながら，当時は今に比べると桁違いにコンピュータの能力も劣り，評価精度という観点からみると，当時の降水確率 30％と今の降水確率 30％では，当然，その精度には差があると考えられる．降水確率 30％と予報された日に対して実際に雨が降った日をカウントすると，当時は 10 回のうち 1 回だったり，5 回だったりしていたかもしれない．それに対して，コンピュータ能力の向上で予報精度が上がった最近では，10 回のうちほぼ 3 回になっているかもしれない．このように，確率論に基づいて評価された「確率値」には，たとえ同じ確率値であっても，予測モデルの違いや蓄積されたデータ量の違いによって，その精度に大きな差がある場合がある．

評価された確率値の「精度」を定量的に評価するために，地震 PRA 評価では，考慮する不確実さを，以下の 2 種類の不確実さに分類して評価することが一般的である．一つは，いくら精度よく詳細に観測・測定したとしても避けられない不確実さで，「偶然的不確実性」と称されるものである．他方は，評価に用いる解析モデル等の違いによって生じる不確実さで，「認識論的不確実性」と称されるものである．乱暴ないい方をすれば，前者は評価者がいくら努力しても避けられない不確実さであり，後者は評価者が努力することによって，その不確実さの大きさを小さくできる不確実さということができる．例えば，コンクリート強度について考えてみると，いくら同じ材料・配合で作成したとしても，その圧縮強度は，試験体ごとに微妙に異なると考えられる．この微妙な違いは，養生の条件（気温，湿度等の違い），骨材の分布状態の違い等，一般の構造物の建設状況を考えると，いくら努力しても避けられない不確実さであり，「偶然的不確実性」に分類される．それに対して，最大応答せん断ひずみ度を評価する際に，地震応答解析モデルとして質点系モデルを用いるか，あるいは FEM モデルを用いるかで，得られる最大応答せん断ひずみ度の値は異なると考えられる．また，実験から得られたもので評価式がいくつか提案されている場合，どの評価式を用いるかによっても評価結果は変わってしまう．これらは努力すれば（より精度のよいモデルや評価式を開発すれば）小さくできる不確実さであるので「認識論的不確実性」に分類され，例えば，FEM モデルの方がより現実の値に近いと考えられる場合には，FEM モデルによる応答の方が質点系モデルによる応答よりも「認識論的不確実性」の大きさは小さくなる．

そして,「偶然的不確実性」のみを考慮して評価されたものが確率値そのもの（例えば損傷確率）であり，その値の精度（以下，信頼度という）を評価するために考慮するのが「認識論的不確実性」ということになる．すなわち，まず，偶然的不確実性のみを考慮して損傷確率あるいはフラジリティ曲線を評価し，次に，認識論的不確実性を考慮して，その損傷確率（フラジリティ曲線）の信頼度の幅を評価するのが一般的である．このとき，偶然的不確実性のみを考慮して得られる損傷確率は,「信頼度が50％に対する損傷確率」という位置付けになる．すなわち，異なる解析モデルを用いて最大応答せん断ひずみ度を評価すれば，異なる損傷確率が得られることになるが，選択する解析モデルによってはもっと大きな損傷確率になる場合もあるだろうし，逆に小さい損傷確率になる可能性もある．そのため，ある任意の解析モデルを用いて，偶然的不確実性のみを考慮して得られる損傷確率は,「信頼度が50％に対する損傷確率」という位置付けになるというわけである．そして，解析モデルの違いを評価する認識論的不確実性による不確実さの大きさは，偶然的不確実性のみを考慮して得られる損傷確率に対する信頼度の幅を表現し，認識論的不確実性による不確実さが大きいほど，得られた損傷確率に対する信頼度の幅が大きくなる．

認識論的不確実性を考慮してフラジリティ曲線を評価した例を付図2.2.2に示す．図中，実線で示したフラジリティ曲線は，偶然的不確実性のみを考慮して得られたものであり，これが50％信頼度のフラジリティ曲線になる．それに対して，点線で示したフラジリティ曲線は，認識論的不確実性を考慮した信頼度ごとのフラジリティ曲線で，例えば，図に示すように，認識論的不確実性を表す確率分布の裾野部分の面積（図の斜線部分の面積）がそれぞれ5％とした場合，横軸の加速度レベルが大きくなる方（縦軸の損傷確率が小さくなる方）を5％信頼度のフラジリティ曲線，逆に加速度レベルが小さくなる方（損傷確率は大きくなる方）を95％信頼度のフラジリティ曲線という．すなわち，95％信頼度フラジリティは50％信頼度に比べて，同じ地動最大加速度でも損傷が大きくなっていて,「損傷確率の上限に近く，これ以上大きな損傷確率にはならないであろう」ということで，言い換えれば「信頼度が高い」ということになるわけである．

なお，フラジリティ曲線を対数正規分布の累積分布関数で近似し，認識論的不確実性も対数正規分布に従うと仮定すると，50％信頼度のフラジリティ曲線 $F_{50}(a)$ は次式で表される．

$$F_{50}(a)=\phi\left[\frac{\ln(a/\bar{A})}{\beta_r}\right] \quad \text{（付式 2.2.1）}$$

ここで，$\phi(\ )$：標準正規確率分布関数

a　：地動最大加速度

$\bar{A}$　：フラジリティ曲線の中央値（＝中央値加速度）

β_r　：フラジリティ曲線の偶然的不確実性による対数標準偏差

付2.1でも記載したように，標準正規確率分布関数とは，平均値ゼロ，標準偏差1の正規分布の確率分布関数を表す関数である．この関数は数値解析によらないと解くことができない関数であるが，表計算ソフトには，あらかじめ関数として用意されているものが多い．

さらに，信頼度 α に対するフラジリティ曲線は次式のように評価できる．

$$F_{\alpha}(a)=\phi\left[\frac{\ln(a/\bar{A})+\Phi^{-1}(\alpha)\cdot\beta_u}{\beta_r}\right] \quad \text{（付式 2.2.2）}$$

ここで，β_u：フラジリティ曲線の認識論的不確実性による対数標準偏差

ちなみに，信頼度50％は $\alpha=0.5$ であるが，$\Phi^{-1}(0.5)=0$ であるので，付式2.2.2は付式2.2.1に一致することになる．また，5％および95％信頼度に対する $\Phi^{-1}(\alpha)$ は，それぞれ1.645および－1.645である．

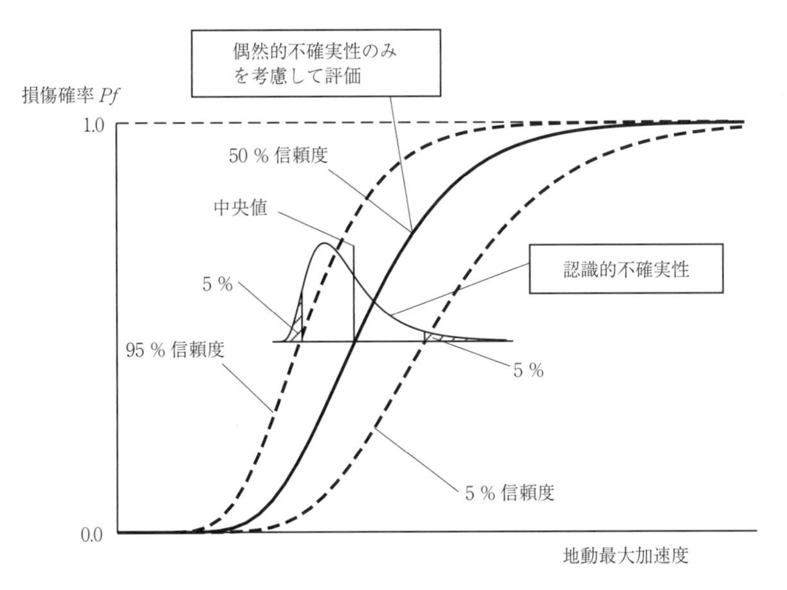

付図 2.2.2 信頼度ごとのフラジリティ曲線の概念図

(3) HCLPF 値

このように，フラジリティ曲線を評価する際に考慮する不確実さを「偶然的不確実性」と「認識論的不確実性」に分類することで，信頼度ごとのフラジリティ曲線を評価することができる．ただし，フラジリティ曲線のままでは耐震性能の大小を判断することが難しく，耐震性能を説明する指標として使用しにくい．そこで，原子力建築物を対象とした地震 PRA では，HCLPF（High Confidence of Low Probability of Failure）値という値を用い，構造物・機器・設備間の相対的な耐震安全性を比較している．これは文字通り，「高い信頼度を有する，低い損傷確率」に対する地動最大加速度の値を表している．ここで重要なのは，単に低い損傷確率というだけではなく，その損傷確率の信頼度も高い，ということも保証しているところである．損傷確率というのは，耐力に達するか否かという極めて非線形性が高い領域での評価になるため，使用する解析モデルや，評価手法の違いによっても大きく結果が異なる可能性がある．そのため，単に低い損傷確率ということではなく，その信頼度も考慮して設定された値が，この HCLPF 値ということになる．

なお，ここで高い信頼度や低い損傷確率とは，具体的にどのくらいの値を使用するのかというと，一般的には「高い信頼度」としては 95％，「低い損傷確率」としては 5％ を用いる場合が多い[1]．これをフラジリティ曲線上で示したものが付図 2.2.3 になる．この図の場合，損傷確率が 50％ に相当する中央値加速度と比べると，1/3 程度の加速度値になっていることがわかる．

ただし，「95％ の信頼度の損傷確率 5％」といわれても，なかなか直感的に損傷確率が大きいのか小さいのかはわかりにくい．そこで，偶然的不確実性と認識論的不確実性両方を考慮した「複合（composite）フラジリティ曲線」を用いて，上記の HCLPF 値がどの程度の損傷確率に対応するのかを評価してみる．

複合フラジリティ曲線は，次式で評価される．

$$F_c(a)=\phi\left[\frac{\ln(a/\bar{A})}{\beta_c}\right] \qquad \text{(付式 2.2.3)}$$

ここで，β_c は偶然的不確実性の対数標準偏差 β_r と認識論的不確実性の対数標準偏差 β_u の二乗和平方根で $\beta_c=\sqrt{\beta_r{}^2+\beta_u{}^2}$ である．

付図 2.2.3 には，信頼度ごとのフラジリティ曲線に加えて複合フラジリティ曲線も示している．付式 2.2.3 からわかるように，50％ 信頼度のフラジリティ曲線と比較して，異なるのは不確実さ（対数標準偏差）の大きさだけなので，複合フラジリティ曲線と 50％ 信頼度のフラジリティ曲線は中央値加速度は同じで，傾きだけが異なったものになる（不確実さが大きい複合フラジリティ曲線の方が，傾きは緩やか）．そして，95％ 信頼度の 5％ 損傷確率に相当する HCLPF 値は，複合フラジリティ曲線に対してみると，損傷確率がほぼ 0.01（1％）に相当していることがわかる[2]．すなわち，物性値や終局耐力等に加えて，評価者の違いや解析モデルの違い等の考えうる不確実さすべてを考慮した場合であっても損傷確率は1％ということになる．

なお，この評価結果は，あくまでも「ある特定の大きさの地震動が起こった場合」の損傷確率である．一般に，原子力施設では対象サイトに対して地震ハザード評価が実施されており，設計用地震動や基準とする地震動の発生確率については，対象サイトの地震ハザード評価を参照することで，どの程度の発生確率であるかを把握することができる．

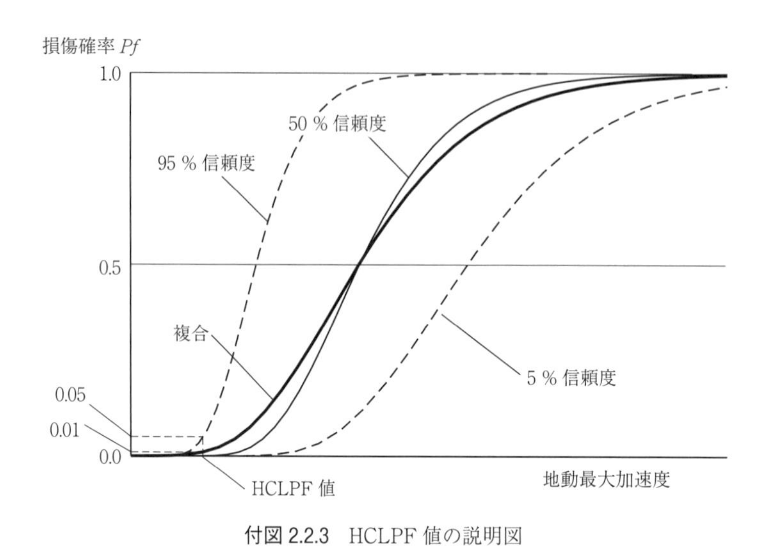

付図 2.2.3　HCLPF 値の説明図

参 考 文 献

1）　IAEA-TECDOC-724 : Probabilistic safety assessment for seismic events, 1993

2）　Stan Kaplan, Vicki M. Bier, Dennis C. Bley : A note on families of fragility curves-is the composite curve equivalent to the mean curve?, Reliability Engineering and System Safety, Vol. 43, pp. 257-261, 1994

第3章　地　震　動

本章では，「第２章　耐震性能の評価手法」の評価手順に示した「Ⅰ．評価方針の設定」のうちの「地震動の選定」について「3.1　地震動の選定」に，「Ⅱ．建築物解析評価」のうちの地震応答解析モデルへの「入力地震動の設定」について「3.2　入力地震動の設定」に，それぞれ概要を示す．

3.1　地震動の選定

耐震性能評価で用いる地震動は，評価の目的と本ガイドブックで取り上げた以下の耐震性能評価手法に応じて，評価者が適切に選定する．

①　応答値と限界値との比較による評価
②　保有耐震性能指標による評価
③　損傷確率による評価
④　フラジリティ曲線による評価

ここで，「①応答値と限界値との比較による評価」と「③損傷確率による評価」では，選定した地震動を一定の入力地震動として評価するが，「②保有耐震性能指標による評価」と「④フラジリティ曲線による評価」では，選定した地震動レベルを漸増させて評価する．

原子力建築物のうち，原子炉建屋などの主要な建築物や一般建築と同等の耐震クラスの建築物の耐震性能を評価する場合の基準となる地震動としては，以下の組合せが考えられる．

・設計された建築物の耐震性能を評価する場合：設計で用いた基準地震動〔付 3.1 参照〕
・地震観測記録が得られた既設建築物の耐震性能を評価する場合：立地サイトの地盤や建築物で観測された地震動〔付 3.2 参照〕
・一般建築物と同等の耐震性能を有する建築物の耐震性能を評価する場合：告示波（平成 12 年建設省告示第 1461 号第４号イに定める地震動）
・地震ハザード評価実施済みのサイトにおける建築物の耐震性能を評価する場合：一様ハザードスペクトル（UHS: Uniform Hazard Spectrum：同じ年超過確率に対応する応答スペクトル値を周期ごとに結ぶことで作成されるスペクトル）から策定する地震動〔付 3.3 参照〕

原子炉建屋などの主要な建築物の耐震設計に用いる基準地震動は，「敷地ごとに震源を特定して策定する地震動」および「震源を特定せず策定する地震動」について，解放基盤表面に対して策定される．これらの地震動を基準地震動とし，基準地震動による地震力に対して建築物の安全機能が損なわれるおそれがないように耐震設計されている．なお，解放基盤表面とは，おおむねせん断波速度 $V_s = 700$ m/s 以上の硬質地盤で，著しい風化や高低差がなく，ほぼ水平で相当な広がりを持って想定される基盤の表面であり，表層および構造物がないものとして仮想的に設定する自由表面である．

ここで，耐震性能評価で用いる地震動は，評価の目的と選定された耐震性能評価手法に応じて評価者が適切に選定するものとしたが，各評価手法の特性を勘案して，各評価手法に用いられることが多いと考えられる地震動を以下に示す．

①　応答値と限界値との比較による評価

原子力建築物の耐震設計で用いられている評価手法であることから，設計で用いられている基準地震動

②　保有耐震性能指標による評価

設計に対する耐震性能を評価した結果として耐震裕度が明示できることや定量的な性能評価に適した評価手法であることから，設計で用いられている基準地震動

③　損傷確率による評価

損傷確率については，「①応答値と限界値との比較」に対し確率論的な評価による補完的な位置付けという点で

は設計で用いられている基準地震動，また，フラジリティ曲線の評価のプロセス中に算出されることから，地震ハザード評価における一様ハザードスペクトルから策定する地震動

④　フラジリティ曲線による評価

　確率論的リスク評価で示されている手法であることから，地震ハザード評価における一様ハザードスペクトルから策定する地震動

3.2　入力地震動の設定

　一般に，原子炉建屋などの主要な建築物の地震応答解析モデルの基礎底面と解放基盤表面が同じレベルではない場合などは，建築物の立地する地盤条件（地盤の地層区分，密度，せん断剛性や減衰定数のひずみ依存度等）に応じて，解放基盤表面から地震応答解析モデルの基礎底面までの地盤応答解析を行い，地震応答解析モデルへの入力地震動を設定する．解放基盤表面が基礎底面より低い場合においては，1次元波動理論による地盤の地震応答解析を行って，解放基盤表面から上の地震動の増幅を考慮した地震応答解析を行うことを基本とする．

　具体的な入力地震動の算定方法については，原子力発電所耐震設計技術規程[1]に記載のとおりとし，その地震動レベルを漸増させて評価する場合の概要を付3.4に示す．

3.3　ま　と　め

「第2章　耐震性能の評価手法」の評価手順に示した「I．評価方針の設定」における「地震動の選定」と，「II．建築物解析評価」における「入力地震動の設定」について，それぞれ3.1と3.2に示した．

　なお，耐震性能評価で用いる地震動は，選定された耐震性能評価手法に応じて評価者が適切に選定するものとしたが，各評価手法の特性を勘案して，各評価手法に用いられることが多いと考えられる地震動をそれぞれ示した．

参考文献

1）日本電気協会：原子力発電所耐震設計技術規程　JEAC4601-2015，2015

付 3.1　原子力発電所建築物の耐震設計で用いられる基準地震動

原子力建築物は，立地する敷地の特徴を考慮して想定する地震荷重に対して耐震設計が行われている．耐震Ｓクラス機器を内包する建築物の耐震設計に用いる地震動の策定については，原子力規制委員会の「実用発電用原子炉及びその付属施設の位置，構造及び設備の基準に関する規則の解釈　平成 25 年 6 月 19 日」[1]に規定されている．その中で基準地震動は，「施設の供用期間中に当該耐震重要度施設に大きな影響を及ぼすおそれがある地震による地震動」と規定されている．

基準地震動の具体的な策定方法については，（一社）日本電気協会の「原子力発電所耐震設計技術指針　JEAG4601-2015」[2]に記載されている．基準地震動の策定フローを付図 3.1.1 に示す．基準地震動を決めるにあたっては，敷地ごとに最も大きな影響を与える可能性がある地震について，地震活動，震源の性質，伝播経路，サイト特性等の十分な調査が必ず行われている．それらの調査に基づき基準地震動は，「敷地ごとに震源を特定して策定する地震動」および「震源を特定せず策定する地震動」を考慮し，敷地の解放基盤表面における水平方向および鉛直方向の地震動を策定している．

「敷地ごとに震源を特定して策定する地震動」は，敷地周辺の活断層および地震の発生状況から震源を特定した上で複数の検討用地震を選定し，地震動評価を行って策定する地震動である．具体的な策定方法は，まず敷地周辺の活断層の性質や過去の地震の発生状況を精査し，さらに，敷地周辺の中・小・微小地震の分布，応力場，地震発生様式（プレートの形状・運動・相互作用を含む）に関する既往の研究成果等を総合的に検討する．これらの調査結果から，地震の発生様式ごとに，内陸地殻内地震，プレート間地震，海洋プレート内地震という地震発生様式等に着目した分類により，それぞれについて地形・地質学的調査や地球物理学的調査を行い，敷地に大きな影響を与えると予想される検討用地震を複数選定する．次に，検討用地震ごとに「応答スペクトルに基づく地震動評価」と「断層モデルを用いた手法による地震動評価」の双方を実施し，それぞれの評価による基準地震動を策定する．その際には，基準地震動の策定過程に伴う不確かさ（ばらつき）を適切に考慮する．

「震源を特定せず策定する地震動」は，震源と活断層を関連付けることが困難な過去の内陸地殻内の地震について得られた震源近傍における観測記録を収集し，これらを基に各種の不確かさを考慮して敷地の地盤物性に応じた応答スペクトルを設定して策定する地震動である．これは，敷地周辺の状況を十分考慮した詳細な調査を実施してもなお，敷地周辺において発生する可能性のある内陸地殻内の地震のすべてを事前に評価しうるとはいい切れないことから，敷地近傍における詳細な調査の結果にかかわらず，すべての敷地において考慮すべき地震動をいう．

「敷地ごとに震源を特定して策定する地震動」および「震源を特定せず策定する地震動」としてそれぞれ策定した複数の基準地震動については，「残余のリスク」について配慮する努力を払うという観点から，参考として年超過確率を参照し，確率論的見地からみた位置付けについて把握する．年超過確率を参照する際には，（一社）日本原子力学会による地震 PRA 実施基準（2015 年版）[3]，地震調査研究推進本部による「確率論的地震動予測地図」[4]，原子力安全基盤機構による「震源を特定しにくい地震による地震動：2005」，「震源を特定せず策定する地震動：2009」[5]等に示されている地震ハザード解析手法を用い，基準地震動の応答スペクトルと地震ハザード解析により求めた敷地における地震動の一様ハザードスペクトル（UHS）を比較し，策定した基準地震動の応答スペクトルがどの程度の年超過確率に相当するのかを把握する．

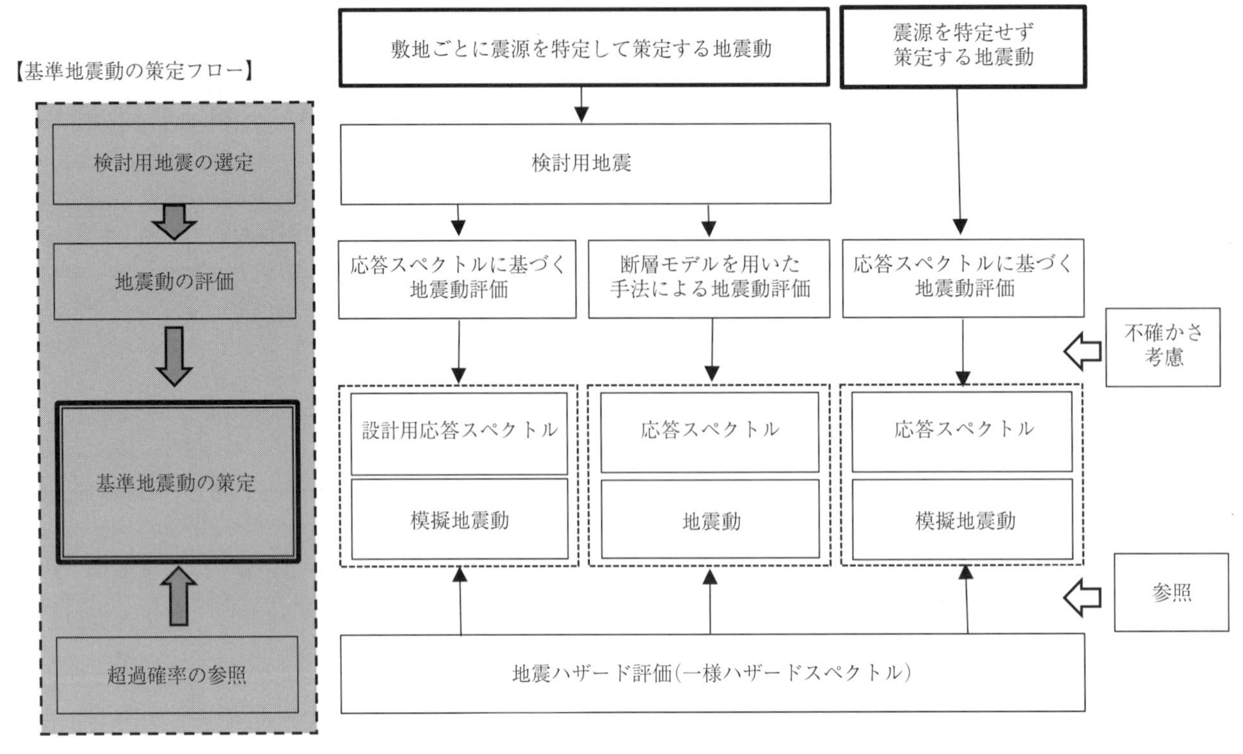

付図 3.1.1　基準地震動の策定フロー[6)]

参 考 文 献

1)　原子力規制委員会：実用発電用原子炉及びその付属施設の位置，構造及び設備の基準に関する規則の解釈（平成 25 年 6 月 19 日制定　原規技発第 1306193 号　原子力規制委員会決定），2013

2)　日本電気協会：原子力発電所耐震設計技術指針　JEAG4601-2015，2015

3)　日本原子力学会：原子力発電所に対する地震を起因とした確率論的リスク評価に関する実施基準（AESJ-SC-P006：2015）：日本原子力学会標準，2015.12

4)　地震調査研究推進本部政策委員会：成果を社会に活かす部会報告：地震動予測地図を防災対策等に活用していくために，2005.3

5)　原子力安全基盤機構：震源を特定しにくい地震による地震動：2005／震源を特定せず策定する地震動：2009

6)　原子力規制委員会：基準地震動及び耐震設計方針に係る審査ガイド（令和 3 年 4 月改正），2021

付 3.2　立地サイトや建築物で観測された地震動

立地サイトの地盤や建築物で観測された地震動を耐震性能評価の基準となる地震動とする場合には，観測記録を適切に補正することが必要となる．

立地サイトの解放基盤表面で観測された地震動に対する耐震性能評価にあたって，解放基盤表面が対象建築物の基礎底面より深い場合は，付図 3.2.1 の例に示すように，はぎとり解析によって解放基盤表面上部の地盤の影響を取り除いた解放基盤表面での推定地震動（はぎとり波 $2E$：入射波）を求め，これを基準となる地震動に設定する必要がある．ここで，埋込み SR モデル（建築物の埋込みを考慮したスウェイ・ロッキングモデル）における入力地震動は，解放基盤表面に設定した基準となる地震動（$2E$）を用いて，1 次元波動理論による地盤の地震応答解析を実施し，基礎底面の地盤応答 u_b（$E+F$），補正水平力 P（切欠き力）および建築物側面の地盤応答 u_s^j（$E+F$）を用いる．それらを入力地震動の基準として地盤ばねモデルへ入力し，耐震性能を評価する．

また，評価対象建築物の基礎版上で観測された地震動に対する耐震性能評価にあたっては，付図 3.2.2 の SR モデルの例に示すように，建築物を線形でモデル化した周波数応答解析で基礎版上と底面ばねの地盤側節点の伝達関数を計算して入力地震動（$2E$）を算定し，これを基準となる地震動に設定する．次に，設定した基準となる地震動を非線形の時刻歴解析モデルの底面地盤ばねの地盤側節点の外に入力し，耐震性能を評価する．なお，建築物に埋込みがあり地下部外壁の地盤ばねを考慮する場合でも，同様に周波数応答解析で入力動を算定することは可能であるが，観測記録の大きさによっては非線性の影響を勘案して，建築物での観測波との整合を確認しながら入力動を補正する必要がある．

保有耐震性能指標を評価する場合，基準となる地震動を係数倍することを基本とするが，上記のように観測記録を補正した地震動を係数倍して評価すると，観測記録に関する震源特性，伝播特性等の地震学的な意味合いが喪失する点に注意が必要である．

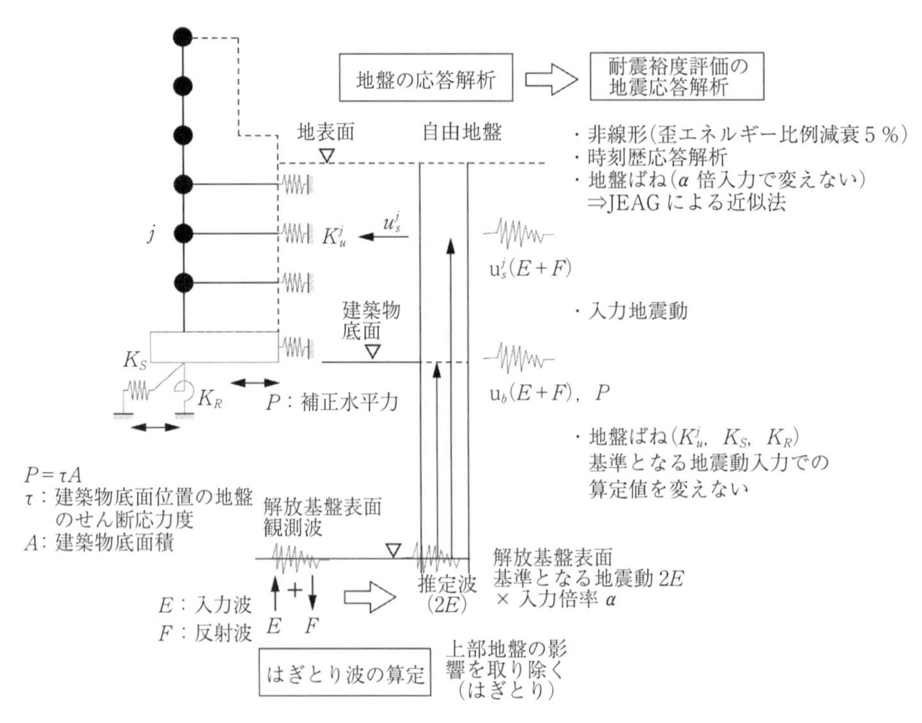

付図 3.2.1 サイトの解放基盤表面で観測された地震動から保有耐震性能を評価する方法例
(解放基盤表面が対象建築物の基礎底面より低い場合)

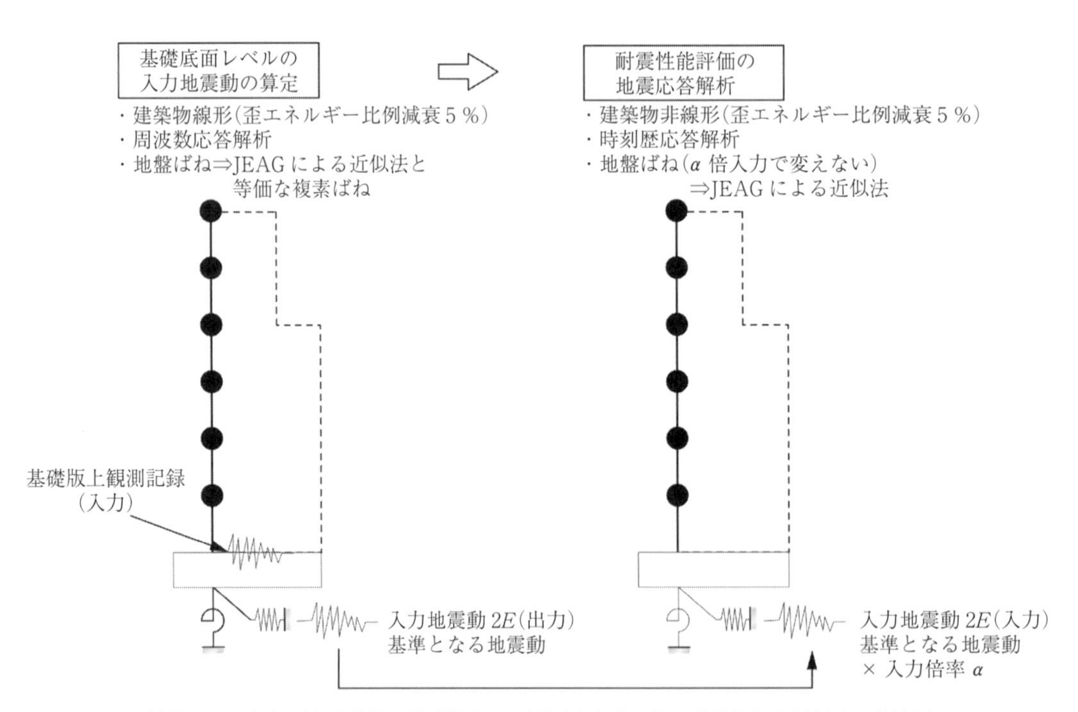

付図 3.2.2 評価対象建築物の基礎版上での観測波を基に保有耐震性能を評価する方法例

付 3.3　地震ハザード評価における一様ハザードスペクトルから策定する地震動

「地震ハザード評価」は，地震 PRA 実施基準（2015 年版）[1]に示されているように，評価の対象を地震動ハザードとする場合と，複合ハザードとする場合に大別されている．地震動ハザードは加速度および速度等の地震動に対するハザードを対象とし，複合ハザードは地震起因による複数の事象のハザードを扱う（地震動と地震起因の津波等）．地震ハザード評価の流れは，付図 3.3.1 に示すように，地震動ハザード関連と複合ハザードを含む場合に分けられ，前者の内容は基本的に(一社)日本原子力学会の地震 PRA 実施基準（2007 年版）の内容の高度化を意図しており，後者は 2011 年東北地方太平洋沖地震の教訓や知見が反映されている．

地震動ハザード評価は，次の活用目的に応じて実施する．

① 炉心損傷頻度（CDF（回／年））評価のための地震動強さとその年超過発生頻度（回／年）の関係を示す地震動ハザード

② 構造物・機器のフラジリティ評価における地震応答解析用入力地震動の応答スペクトルを設定するための地震動強さと超過確率の関係を示す地震動ハザード

③ M9 級巨大地震の余震による地震動ハザード

本ガイドブックに関連する上記②の地震動ハザード評価では，まず，概略のハザード評価を行い，特定震源および領域震源の各震源の内訳を付図 3.3.2 に示すように明示する．次いで，これらの内訳からトータルのハザードに寄与する震源としない震源に大別しスクリーニングを行う．そしてハザードに寄与する震源を対象として，震源モデルおよび地震動伝播モデルの設定を詳細化する．上記地震動ハザード曲線群の任意の信頼度の曲線に対応した一様ハザードスペクトルを求める．

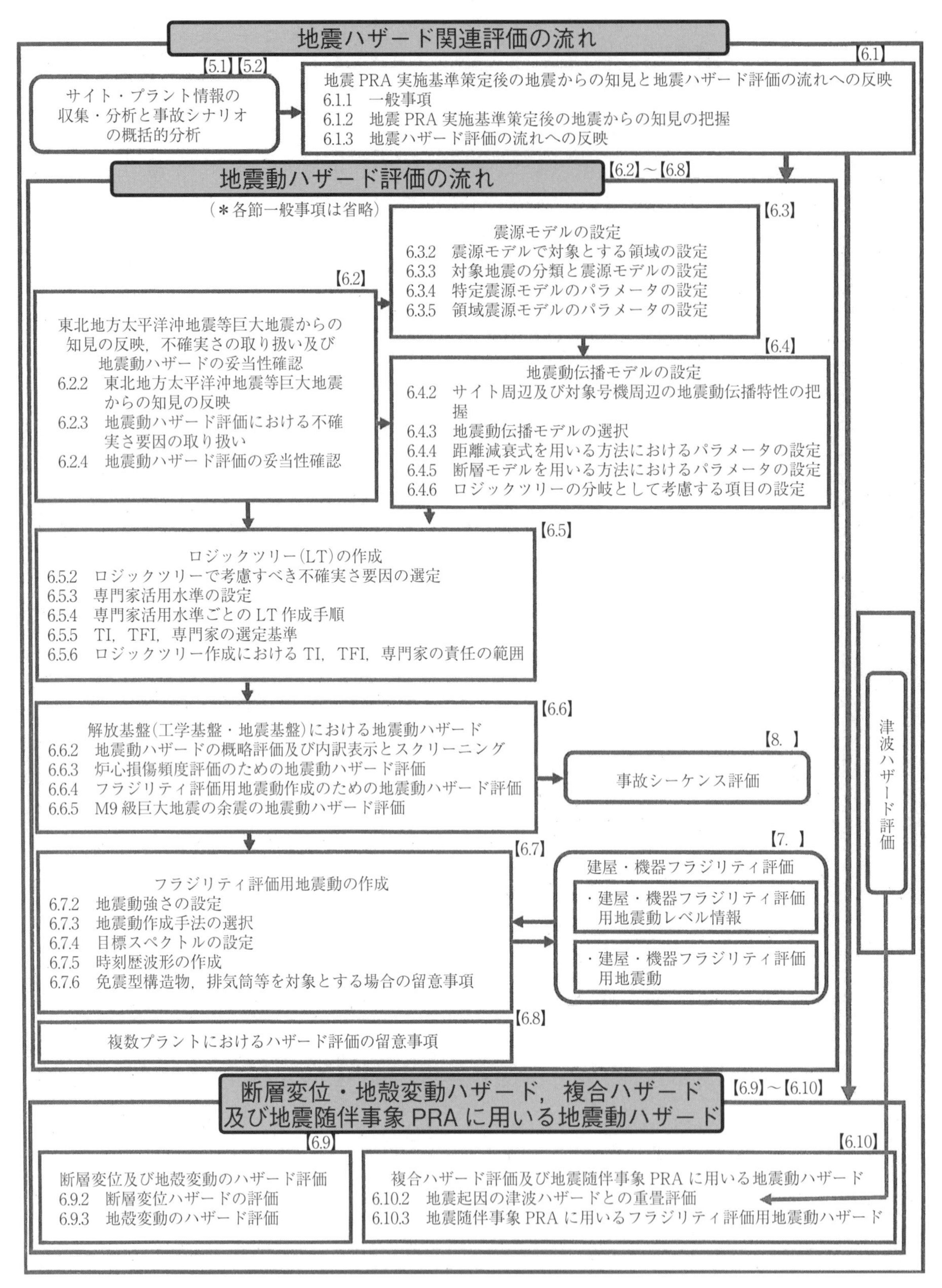

付図 3.3.1 地震ハザード評価手順[1)]

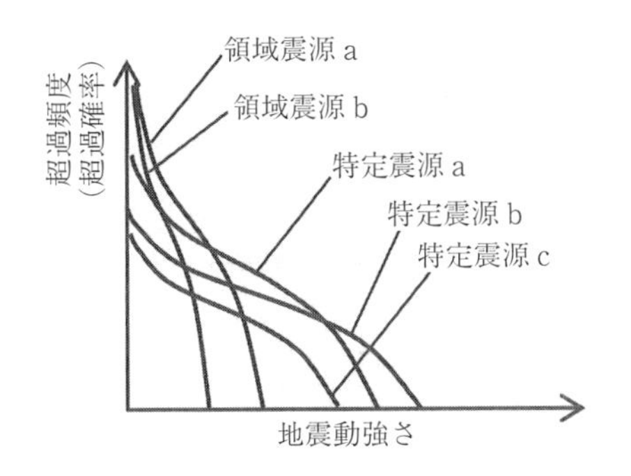

付図 3.3.2　地震動ハザードの内訳の例[1)]

ここで，一様ハザードスペクトルは，付図 3.3.3 に例示するように，応答スペクトル距離減衰式を用いて複数の周期に対するハザード曲線を求め，同じ年超過確率となる応答値を結ぶことで一つの応答スペクトルとして表現したものである．ただし，多数の地震の影響が周期ごとに異なる度合いで統合されているので，例えば特定の周期に鋭いピークをもつような実観測記録のスペクトルとは異なった形状となる．そのため，一様ハザードスペクトルに対応する地震は現実には存在しないことに留意が必要である．

また，対象とする超過確率が異なれば一様ハザードスペクトルの形状も異なるが，一般的にはおおむね相似形となると考えられており，実務上は設定した年超過確率に対応する一様ハザードスペクトルを係数倍することで異なる年超過確率に対応する一様ハザードスペクトルとする場合が多い．

なお，これらのスペクトルを目標スペクトルとして，加速度応答スペクトルが合うような模擬地震波（時刻歴波）が正弦波合成法等により求められる．目標とする応答スペクトルに適合する模擬地震波の作成方法については，（一社）日本電気協会「原子力発電所耐震設計技術指針　JEAG4601-2015」[2)]の「参考資料 1-15　模擬地震波の作成例」に示されている．

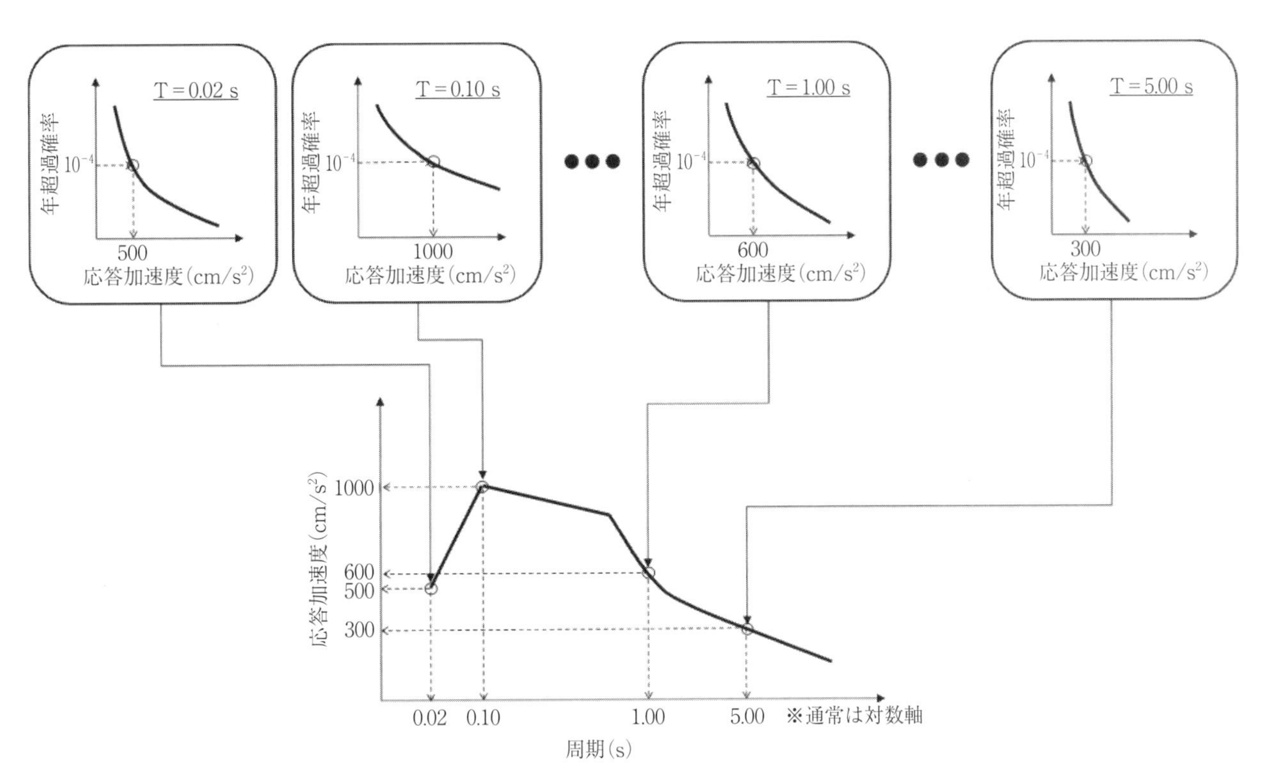

付図 3.3.3　一様ハザードスペクトルの例

参考文献

1) 日本原子力学会：原子力発電所に対する地震を起因とした確率論的リスク評価に関する実施基準（AESJ-SC-P006：2015）：日本原子力学会標準，2015

2) 日本電気協会：原子力発電所耐震設計技術指針　JEAG4601-2015，2015

付 3.4　耐震性能評価用の地震動から建築物への入力地震動を求める方法

耐震性能評価手法のうち「②保有耐震性能指標による評価手法」と「④フラジリティ曲線による評価手法」では，選定した地震動の加速度振幅を漸増（α 倍）させて評価することから，ここでは，これらの評価手法における建築物への入力地震動を求める方法について示す．なお，その他の耐震性能評価手法では，選定した地震動の加速度振幅は漸増させずに入力して建築物への入力地震動を求める．

一般に，原子炉建屋などの主要な建築物の地震応答解析モデルの基礎底面と解放基盤表面のレベルが異なる場合などは，建築物の立地条件に応じて1次元波動理論を用いた地盤の地震応答解析を行い，地震応答解析モデルへの入力地震動を算定する．その際，水平動に対しては，鉛直入射のS波を仮定し，表層地盤や解放基盤表面以浅の支持地盤のひずみ度が比較的大きくなる場合には，地盤のせん断剛性や減衰定数にひずみ度に依存した非線形性を考慮する．具体的には，付図3.4.1に示すように，せん断弾性係数を初期せん断弾性係数で除した値（以下，G/G_0 という）と地盤のせん断ひずみ度（以下，γ という）の関係および減衰定数（以下，h という）と γ の関係を表した曲線を用いた等価線形解析を用いることができる．ただし，支持地盤の剛性低下率の平均値が0.7を下回った場合には，原子力発電所耐震設計技術規程[1)]では地盤の非線形性を考慮した時刻歴非線形解析を別途行うことが推奨されている．ここで，地盤の地震応答解析結果の地盤ひずみ度に応じた地盤弾性定数および減衰定数は，SRモデル（スウェイ・ロッキングモデル）の地盤ばねの算定時や地盤を多質点系並列地盤モデルやFEMでモデル化した場合の地盤物性として用いることができる．

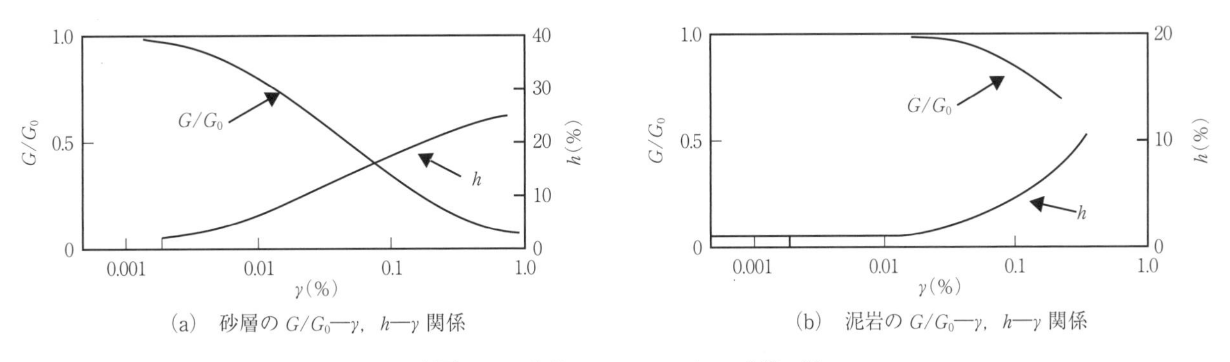

(a)　砂層の G/G_0—γ，h—γ 関係　　(b)　泥岩の G/G_0—γ，h—γ 関係

付図 3.4.1　地盤の G/G_0—γ，h—γ 曲線の例

建築物の地震応答解析モデルのSRモデルや埋込みSRモデル等の地盤ばねモデルへの入力地震動は，1次元波動理論または離散系モデルを用いて次の（1）～（3）項に示す場合に応じて評価することができる．

（1）　1次元波動理論による評価（建築物の側面地盤ばねを考慮しない場合）

付図3.4.2の左側の図（a）に示すように，建築物が解放基盤表面上に直接支持され埋込みがない場合は，解放基盤表面に設定した地震動（$2E_1$）の加速度振幅を α 倍して入力地震動とし，SRモデルの基礎版底面の地盤ばねの地盤側節点の外に直接入力して耐震性能を評価する．なお，同図右側に示すように，埋込みがあっても側面地盤ばねを考慮せず，入力地震動にのみ埋込み効果を考慮する場合には，解放基盤表面に地震動（$2E_1$）を入力する1次元波動理論による地盤の地震応答解析を実施し，基礎版底面における上昇波と下降波の和（E_1+F_1）に加え，補正水平力 P（切欠き力）を基礎版底面に考慮する．耐震性能評価にあたっては，これらの入力地震動をSRモデルの基礎版底面の地盤ばねの地盤側節点の外に直接入力できる．

また，同様な状態で付図3.4.2の右側の図（b）に示すように，解放基盤表面が基礎底面より低い場合においては，解放基盤表面に設定した地震動を α 倍して1次元波動理論による地盤の地震応答解析を行って，解放基盤表面から上の地震動の増幅を考慮した地震応答解析を行うことを基本とする．

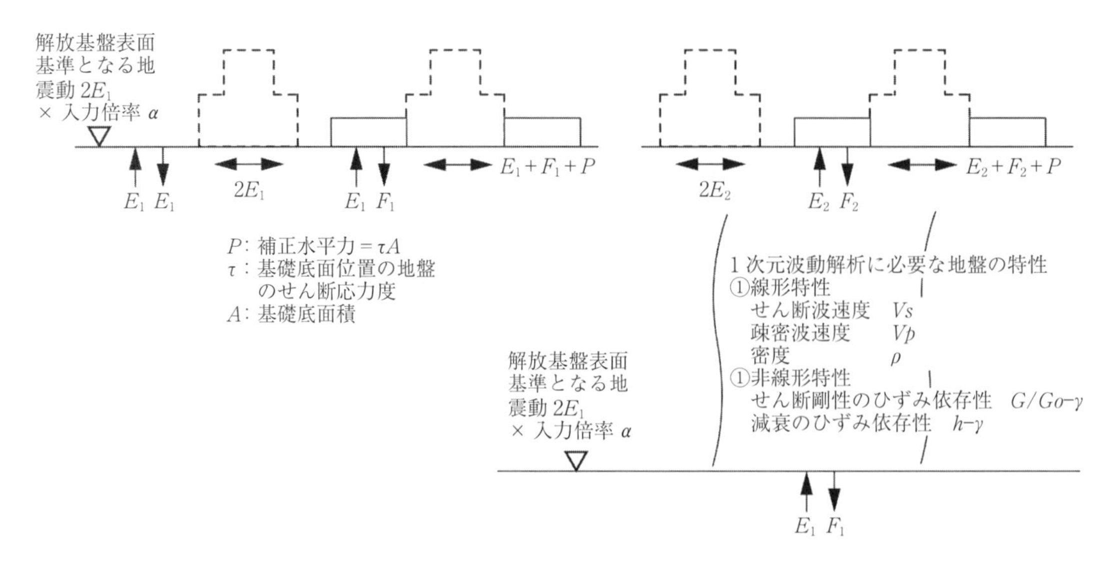

(a) 解放基盤表面と基礎底面が同じ場合　　(b) 解放基盤表面が基礎底面より低い場合

付図 3.4.2 SR モデルへの入力地震動の算定と耐震性能の評価方法の例

(2) 1次元波動理論による評価（建築物の埋込みを考慮する場合）

埋込み SR モデルにおける入力地震動は，付図 3.4.3 に示すように地下部外壁の地盤ばねの地盤側節点の外に地盤応答 u^j_s $(E+F)$，基礎底面の地盤ばねの地盤側節点の外に基礎底面の地盤応答 u_b $(E+F)$ および基礎底面に作用する補正水平力 P をそれぞれ考慮する．これらの入力地震動については，解放基盤表面で設定した地震動に対する地盤の応答を1次元波動理論により算定して求める．なお，解放基盤表面が基礎底面より低い場合〔付図 3.4.3 参照〕には解放基盤表面より上部の地盤応答を算定する．その際，解放基盤表面に設定した地震動（$2E$）を α 倍して入力する1次元波動理論による地盤の地震応答解析を行うことを基本とする．

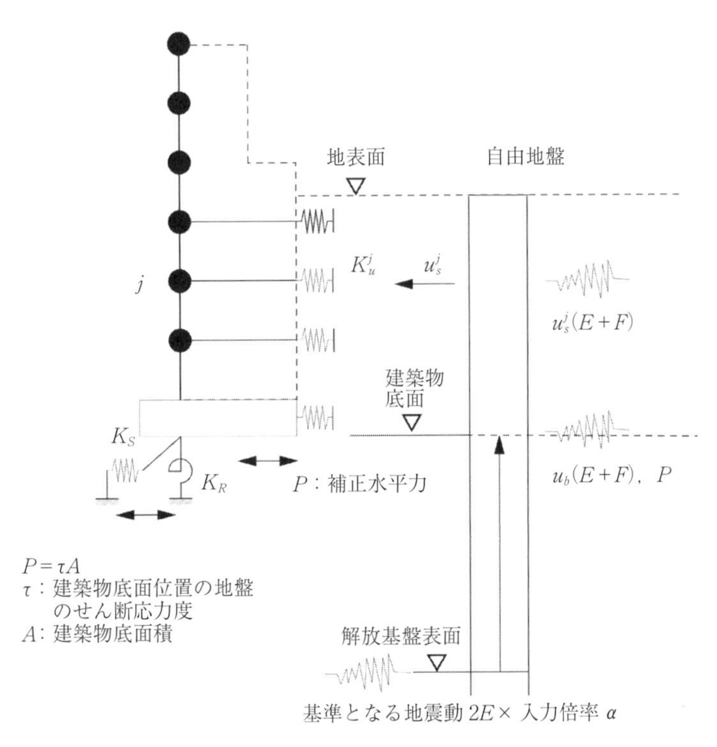

付図 3.4.3　埋込み SR モデルの入力地震動の算定と耐震性能の評価方法の例

（3）　離散系モデルによる評価

離散系モデルにより SR モデル等の地盤ばねモデルへの入力地震動を評価する場合は，付図 3.4.4 に示すように地盤のみの離散化モデル（底面粘性境界の場合）の地震応答解析を行って入力地震動を評価する．ここで，解放基盤表面が地盤モデル底面より高い場合〔付図 3.4.4（a）参照〕には，1 次元波動理論により地震動を地盤モデル底面レベルまで一度下げ，この地震動（$2E_1$）を地盤モデル底面境界への入力地震動とする．また，解放基盤表面が地盤モデル底面より低い場合〔付図 3.4.4（b）参照〕には，解放基盤表面から地盤モデル底面レベルまでの地盤応答を 1 次元波動理論により算定し，この地震動（$2E_1$）を地盤モデル底面境界への入力地震動とする．その際，解放基盤表面に設定した地震動（$2E$）を α 倍して入力する 1 次元波動理論による地盤の地震応答解析を行うことを基本とする．

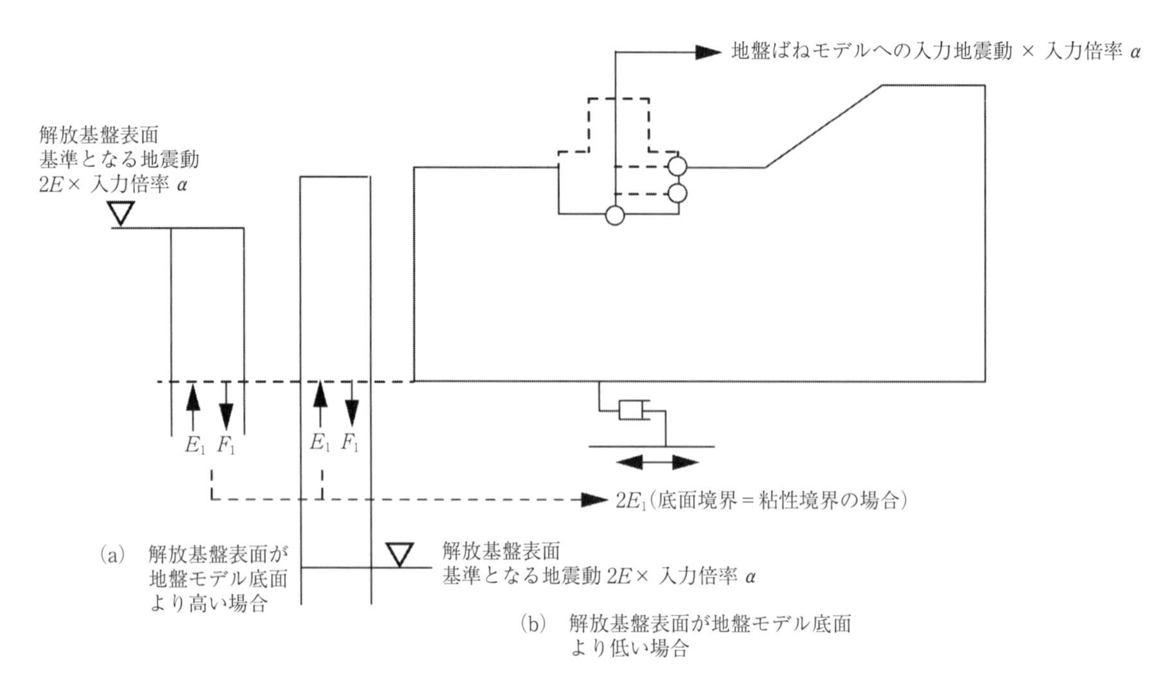

付図 3.4.4 離散系モデル（底面粘性境界）による地盤ばねモデルへの入力地震動の算定と耐震性能の評価方法の例

参 考 文 献

1) 日本電気協会：原子力発電所耐震設計技術規程 JEAC4601-2015, 2015

第4章　構造解析

本章では，原子力建築物の耐震性能を評価するための構造解析の具体的な方法を示す．原子力建築物の耐震性能評価には，建築物の非線形性を考慮した動的な応答解析を用いることを基本とする．

4.1　構造解析の方針

（1）　建物モデル

原子力建築物の耐震性能を評価する時期としては，設計時，建築物完成後，地震経験後等が想定されるが，実際の原子力建築物の状況に応じ，評価時点で最も真の値に近いと考えられる現実的な建物モデル（材料定数を含む）を用いることを基本とする．

建物モデルは，現実に近いと考えられる応答が得られる解析モデルおよび材料定数を用いる．コンクリート実強度等の設定の考え方は，地震PRA実施基準[1)]が参考になる．

設計時の評価においても，地震PRA実施基準等を参考に現実的な材料定数を用いることを基本とするが，決定論的な評価である「応答値と限界値との比較による評価」および「保有耐震性能指標による評価」については，設計に用いる建物モデルを用いることも考えられる．

また，建築物完成後や地震後の評価において，振動実験や地震観測記録等がある場合については，実験結果や観測記録を合理的に説明できる建物モデルを評価者が判断し設定することができる．「付4.1　応答評価の精度向上を目的とした検討事例」には地震観測記録等を用いた建物モデルの具体例を示している．

ばらつきを考慮した解析手法については，パラメータを確率変数として，a.～d.に示す確率論に基づく解析的手法の中から，適切な不確実さ解析手法を選定して評価する〔地震PRA実施基準[1)]参照〕．

a.　1次近似2次モーメント法

b.　2点推定法

c.　モンテカルロ法

d.　実験計画法「ラテン超方格（LHS）法，直交配列表」

（2）　荷 重 条 件

耐震性能を評価することを目的とするため，荷重については地震荷重〔入力地震動については「第3章　地震動」を参照〕のみを考慮することを原則とする．ただし，自重等の鉛直荷重が支配的な部材を検討する場合は，通常運転時に生じる荷重と地震荷重の組合せを必要に応じて考慮する．

なお，地震荷重についての水平2方向および鉛直方向の取扱いはJEAC4601[2)]で述べられているとおりとする．原子力建築物の主要な建築物は，地震時に建築物に生じる力の流れが明解となるように，直交する2方向に釣合いよく配置された鉄筋コンクリート造耐震壁が主な耐震要素として構造計画されている．そのため，水平方向地震応答解析は，原則として建物・構築物の直交する耐震壁の2方向に対して，それぞれに独立に実施するものとする．これは，鉄筋コンクリート造耐震壁に関しては，弾塑性性状を考慮した場合においても2方向の入力のある場合と1方向の入力のみの場合で同等な評価ができることが実験[3)]により確認されていることによる．

また，地震荷重の鉛直動については，耐震壁の評価に対する鉛直荷重の影響は小さいため考慮する必要はないと考えられるが，鉛直荷重が支配的な部材については必要に応じて考慮する場合がある．

（3）　地盤—建築物相互作用

地盤—建築物の相互作用については，JEAC4601[2)]を基に適切に評価する．決定論的な評価である「①応答値と限界値との比較による評価」および「②保有耐震性能指標による評価」の地盤物性値については，設計で用いている平均的な地盤剛性を用いる．また，確率論的な評価である「③損傷確率による評価」および「④フラジリティ曲線による評価」については，地盤剛性の平均値および変動係数等の統計量を基に設定する．地盤剛性の統計量については，地震PRA実施基準[1)]の「附属書7（規定）地盤剛性の標準的なデータベース」が参考となる．

4.2　解析条件の設定

（1）　建築物モデルの設定

原子力建築物の耐震性能を評価する場合は，JEAC4601[2]で定められた設計に用いられている解析モデルを基に評価を実施することを基本とする．

原子力建築物の動的な応答解析では，床位置などに質量を集中させた質点系モデルを用いている．質点系モデルには，各部を基礎版上面から曲げせん断梁要素や等価せん断ばね，または軸ばねを立ち上げる多軸モデル，および各部を一つにまとめた1軸モデルがある．また，FEMによる3次元モデルを用いることも考えられる．

原子力建築物は，鉄筋コンクリート構造，鉄骨構造，鉄骨鉄筋コンクリート構造，プレストレストコンクリート構造等が用いられ，種々の材料から構成されているため，このような特性を反映し，原子力建築物の振動特性を表現できるようにモデル化する．

限界状態を適切に評価するために，各入力地震動に対する時刻歴応答解析を実施し，評価対象部の層のせん断ひずみ度により評価することを原則とする．これにより，原子力建築物を質点系でモデル化することを基本とし，水平方向の地震応答解析を行う．鉄筋コンクリート造耐震壁の復元力特性は，せん断応力度—せん断ひずみ度関係（以下，「τ—γ関係」という），および曲げモーメント—曲率関係（以下，「M—ϕ関係」という）に分けて評価する．

原子力建築物の復元力特性に関しては，JEAC4601[2]に原子力建築物の鉄筋コンクリート造耐震壁を対象とした既往の実験データの収集・整理，既往の算定式，各種基・規準類の調査を行い，実験データに適合する復元力特性の評価法が設定されている．以下に，JEAC4601[2]に定められている復元力特性を示す．スケルトンカーブは，τ—γ関係およびM—ϕ関係ともに図4.1に示すトリリニア・スケルトンカーブで表す．

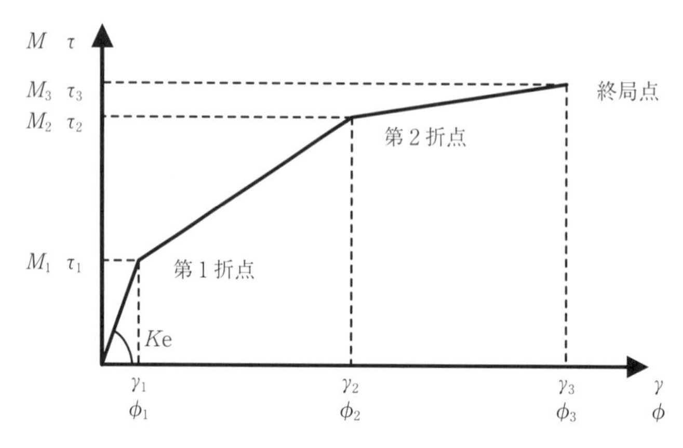

図4.1　トリリニア・スケルトンカーブ（JEAC4601[2]より）

（2）　材料物性の設定

応答解析に用いる材料定数の設定については，実際の原子力建築物の状況に応じた最も真の値に近いと考えられる現実的な材料定数を用いることを基本とする．

コンクリート強度の実測値，耐震壁以外の間仕切り壁等を考慮し，現実的な応答が得られる解析条件とすることを基本とする．コンクリート実強度等の設定の考え方は，地震PRA実施基準[1]が参考になる．また，建築物完成後や地震経験後の評価において振動実験や地震観測記録等がある場合については，実験結果や観測記録を説明できる材料定数等を評価者が判断し設定する．

決定論的な評価である「①応答値と限界値との比較による評価」および「②保有耐震性能指標による評価」についても現実的な材料定数を用いることを基本とするが，設計で用いている本会「原子力発電所建築物鉄筋コンクリート構造計算規準・同解説」[4]，「鉄筋コンクリート構造計算規準・同解説」[5]，「鋼構造許容応力度設計規準」[6]および「鉄骨鉄筋コンクリート構造計算規準・同解説」[7]に定める材料定数を用いて建築物の応答を算定することも考えられる．

確率論的な評価である「③損傷確率による評価」および「④フラジリティ曲線による評価」については，コンクリート強度の平均値および変動係数等の統計値を基に設定する．コンクリート強度の統計値については，表4.1が参考となる．

表 4.1 コンクリート強度の統計データ例
（地震 PRA 実施基準[1]「附属書 BZ（規定）コンクリート実強度の標準的なデータベース」）
コンクリート実強度の統計値

	統計値	
	平均値	変動係数
13 週シリンダー強度／設計基準強度（13 週管理）	1.35	0.07
1 年シリンダー強度／13 週シリンダー強度	1.1	—
実強度（1 年）／1 年シリンダー強度	0.95	0.11
実強度（1 年）／設計基準強度（13 週管理）	1.40	0.13

［注］実機の 13 週管理コンクリートの実強度について調査・検討した結果

既存の原子力建築物の設計では，地震応答解析時の減衰定数（地盤への逸散減衰を含まない値）は構造形式に応じて表 4.2 に示される値が用いられている．決定論的な評価である「①応答値と限界値との比較による評価」および「②保有耐震性能指標による評価」については，これらの値を参考とし，あわせて振動試験や地震観測に基づいて算出された値等を参照して，それぞれの施設ごとに設定することが望ましい．

表 4.2 既存の原子力建築物の設計で用いられてきている減衰定数（JEAC4601[2]より）

構 造 形 式	減衰定数 h （弾性範囲）
鉄筋コンクリート造構造物	5 %
鉄骨構造物	2 %
PCCV	3 %
鋼製格納容器	1 %

確率論的な評価である「③損傷確率による評価」および「④フラジリティ曲線による評価」については，減衰定数の平均値および変動係数等の統計量を基に設定する．減衰定数の統計量については，地震 PRA 実施基準[1]の「附属書 8（規定）建屋減衰定数の標準的なデータベース」が参考となる．

（3） 履 歴 特 性

曲げせん断梁要素における τ—γ 関係履歴特性は最大点指向型を基本とする．最大点指向型モデルを図 4.2 に示す．

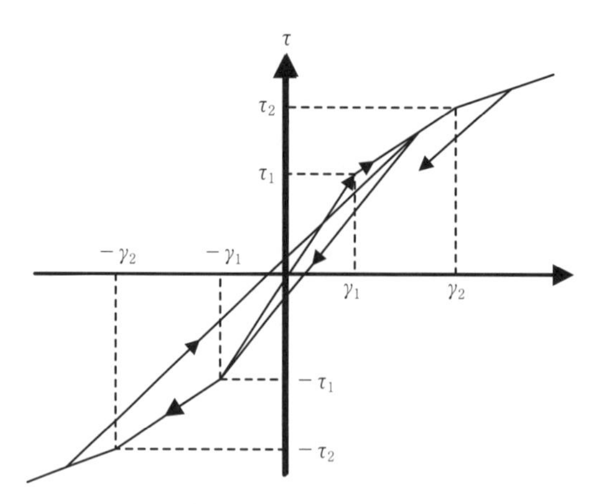

図 4.2 最大点指向型モデル（JEAC4601[2]より）

M—ϕ 関係履歴特性は最大点指向型とし，曲げ変形が全体変形に占める割合は曲げ降伏以前にはかなり小さいことから，曲げ降伏以前（第 1，第 2 剛性域内）の安定ループは面積を持たないものとしている．ただし，第 3 剛性域内では履歴減衰を考慮するものとし，図 4.3 に示すディグレイディングトリリニアモデルを採用している．

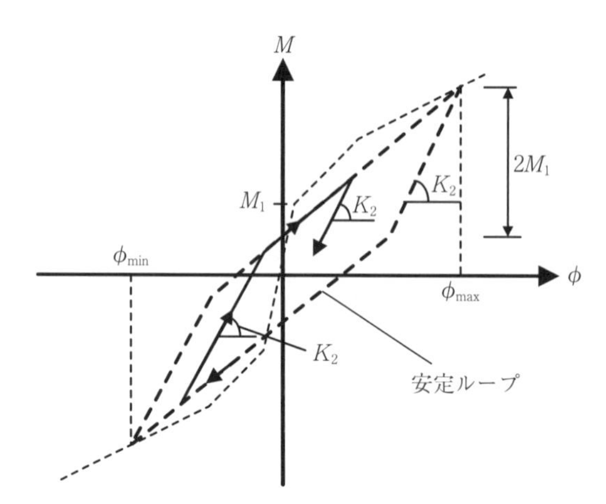

図 4.3 ディグレイディングトリリニアモデル（JEAC4601[2]より）

4.3 ま と め

本章では，原子力建築物の耐震性能を評価するために必要となる構造解析の具体的な方法を示した．原子力建築物の耐震性能評価は，原子力建築物の非線形性を考慮した動的な応答解析を用いることを基本とし，建築物モデルの設定方法について示した．

建築物モデルについては JAEC4601[2]を基本とし，材料定数については，評価時の建築物の状況に応じて最も真の値に近いと考えられる現実的な建築物モデルおよび材料定数を用いることを基本としている．近年，比較的大きな地震記録を観測した原子力建築物があり，「付 4.1 応答評価の精度向上を目的とした検討事例」では，現実的な応答を評価するための取組みとして，観測記録をより忠実に再現するための建築物のモデル化の方法等についてまとめている．

参 考 文 献

1) 日本原子力学会：原子力発電所に対する地震を起因とした確率論的リスク評価に関する実施基準（AESJ-SC-P006 : 2015）：日本原子力学会標準，2015.12
2) 日本電気協会：原子力発電所耐震設計技術規程 JEAC4601-2021，2023.1

3)　Hideo ONO, Kohei SHINTANI, Yoshio KITADA, Koichi MAEKAWA : Restoring Force Characteristics of Shear Wall Subjected to Horizontal Two Directional Loading, Proc. of 13th World Conference on Earthquake Engineering, 2004
4)　日本建築学会：原子力発電所建築物鉄筋コンクリート構造計算規準・同解説，2013
5)　日本建築学会：鉄筋コンクリート構造計算規準・同解説，2018
6)　日本建築学会：鋼構造許容応力度設計規準，2019
7)　日本建築学会：鉄骨鉄筋コンクリート構造計算規準・同解説，2014

付 4.1　応答評価の精度向上を目的とした検討事例

原子力建築物においては，地震時のより精度の高い応答評価をするために，地震観測記録等を用いて解析モデルの高度化を図り耐震性能評価が行われるなど，原子力発電所の安全性を向上させるためのさまざまな取組みを継続的に実施している．それらの取組みについて紹介する．

（1）　地震観測記録を用いたシミュレーション

原子力建築物においては，地盤および建築物での地震観測を継続的に実施しており，これらの地震観測記録を用いて，解析モデルの精緻化・高度化を行ってきている．設計時の解析モデルは，建築物を単純化した質点系モデルが主に用いられてきている．付表 4.1.1～4.1.3，付図 4.1.1～4.1.9 に各サイトでモデルの精緻化を行った例を示す．

女川原子力発電所 2 号機原子炉建屋では，2005 年 8 月 16 日宮城県沖地震のシミュレーションにおいて側面地盤ばねおよび間仕切り壁を考慮するなど，周辺地盤の状況および原子炉建屋の状況を実情に合うようにモデルを精緻化することで観測記録とよい整合を示している．また，2011 年 3 月 11 日東北地方太平洋沖地震のシミュレーションにおいて耐震壁の初期剛性や減衰定数を観測記録との整合性を踏まえ再設定するなどモデルを精緻化し，建屋の振動性状を表現している．

柏崎刈羽原子力発電所 6，7 号機原子炉建屋では，2007 年 7 月 16 日新潟県中越沖地震のシミュレーションにおいてコンクリート実剛性，補助壁および側面回転地盤ばねなどの考慮によりモデルを精緻化することで観測記録とよい整合をするようになっている．また，設計時のモデルは観測記録よりも大きい応答となっており，設計応答は保守的な応答となっていたことがわかる．

浜岡原子力発電所 4 号機原子炉建屋においても，コンクリート実剛性や側面回転地盤ばね等を考慮することで観測記録とよい整合を示すモデルとなっている．また，モデルの妥当性検証のためにより精度の高いモデル化ができる 3 次元 FEM モデルを用いた検討なども実施している．

いずれのサイトにおいても，高度化したモデルは観測記録とよい整合をしており，既設建物においては，地震観測記録や最新の知見を参考に解析モデルに実情を反映することで，地震時の応答予測の高度化が図れると考えられる．なお，浜岡 4 号機では 3 次元 FEM によるシミュレーションも行っており，各部の裕度を詳細に把握するためには 3 次元 FEM モデルの活用は非常に有効な手段であると考えられる．

付表4.1.1 シミュレーションモデルの高度化[2)]
（女川原子力発電所2号機原子炉建屋，2005年8月16日宮城県沖地震）

項　目	設計時モデル	シミュレーションモデル
応答計算法	時刻歴応答解析	周波数応答解析
入力地震動	直接入力	基礎版上観測記録を入力
ヤング係数	設計値	設計値
建屋剛性評価	耐震壁のみ	耐震壁＋主要な間仕切壁
RCの減衰定数	5％	5％
建屋モデル	質点系多軸モデル	質点系多軸モデル
地盤ばね	JEAC4601による近似法	振動アドミッタンス（理論解）
建屋—地盤相互作用	スウェイ・ロッキングモデル	スウェイ・ロッキングモデル （側面地盤ばね考慮）

付表4.1.2 シミュレーションモデルの高度化
（女川原子力発電所2号機原子炉建屋，2011年3月11日東北地方太平洋沖地震）

項　目		シミュレーション解析（当該地震による評価）
応答計算法		時刻歴応答解析（非線形解析）
入力地震動		入力地震動の算定モデルで求めた基礎底面ばね外における地震動
剛性評価	考慮範囲	耐震壁
	ヤング係数（E） せん断弾性係数（G）	観測記録との整合性を踏まえ再設定
	剛性・復元力特性の設定の考え方	観測記録と整合する等価な剛性のモデル化は，耐震壁のヤング係数・せん断弾性係数を再設定することにより行い，復元力特性は設計時モデルのスケルトンと接続 特に，地上3階（O. P. ＋33.2 m）より上部は下部と分けて設定
減衰定数	鉄筋コンクリート	観測記録との適合性も踏まえ7％に再設定（歪エネルギー比例型）
	減衰定数設定の考え方	埋込み効果分も含め，観測記録の見かけの減衰に対して，解析ではすべて鉄筋コンクリート部の減衰に代表させた．なお，水平2方向は同じ値を採用
解析モデル	建屋—地盤相互作用	スウェイ・ロッキングモデル（側面地盤との相互作用は考慮しない）
	建屋モデル	質点系多軸モデル　床の柔性考慮
	地盤ばね	JEAC4601による近似法

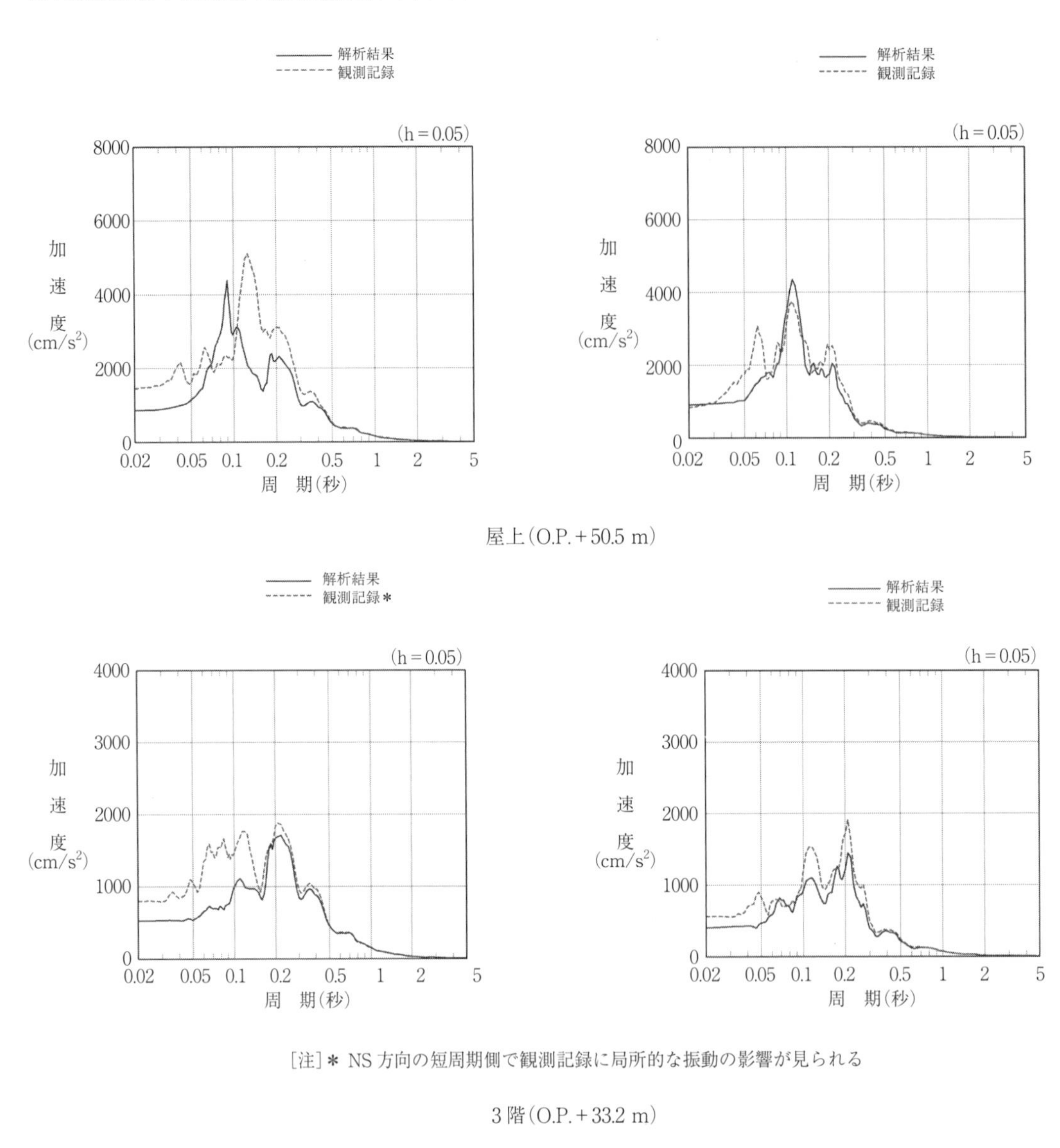

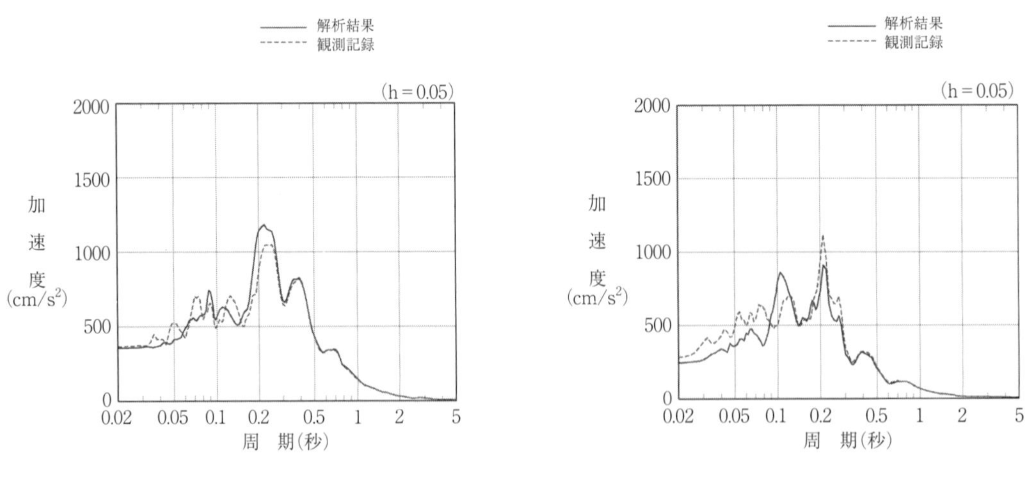

1階(O.P.＋15.0 m)

(NS方向)　　(EW方向)

付図 4.1.1　2005年宮城県沖地震のシミュレーション
(女川原子力発電所2号機原子炉建屋)

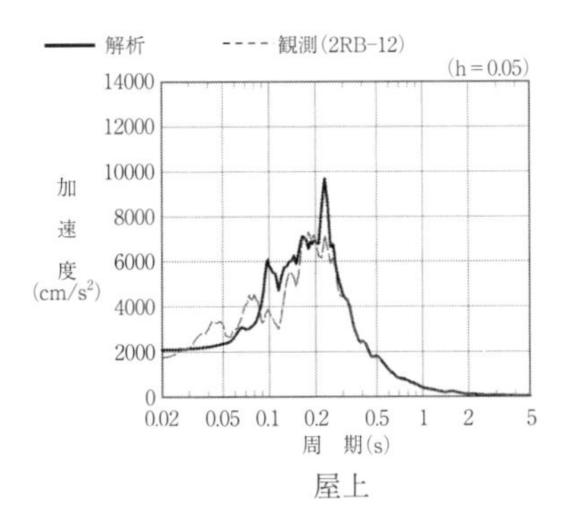

屋上

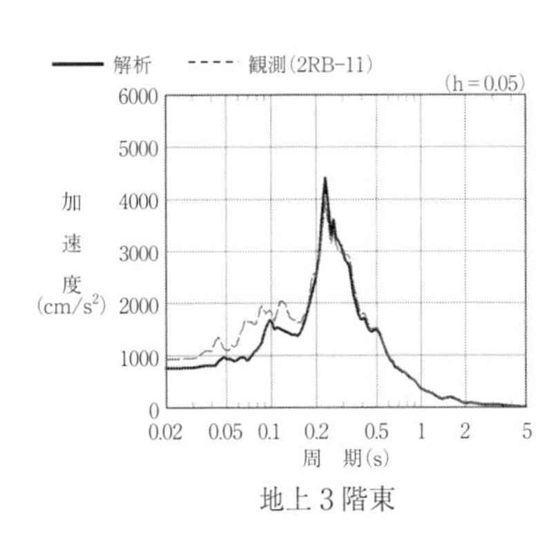

地上 3 階東

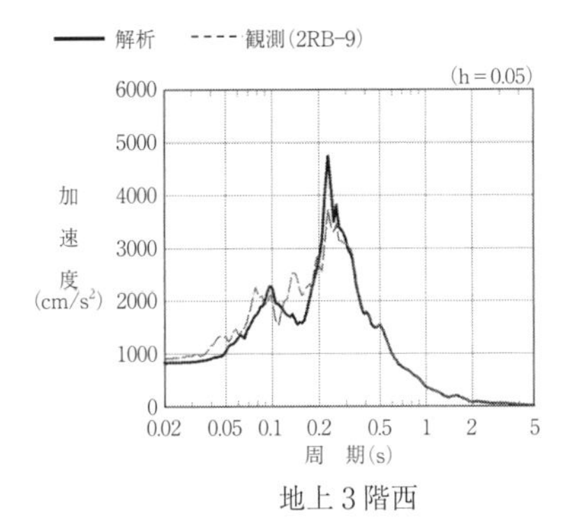

地上 3 階西

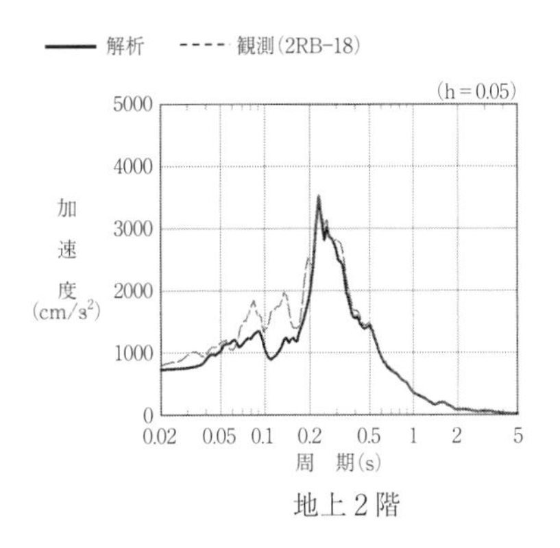

地上 2 階

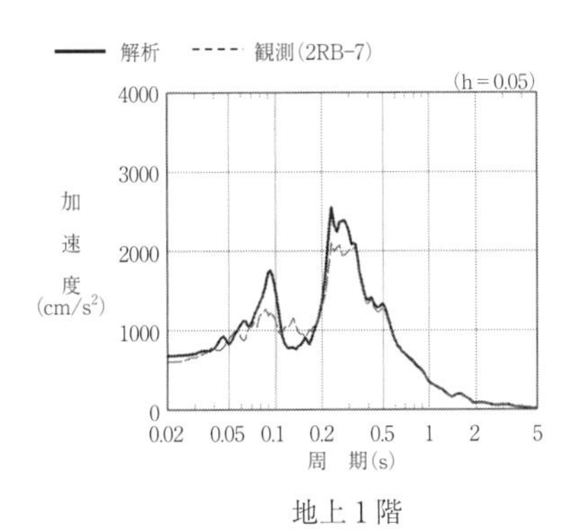

地上 1 階

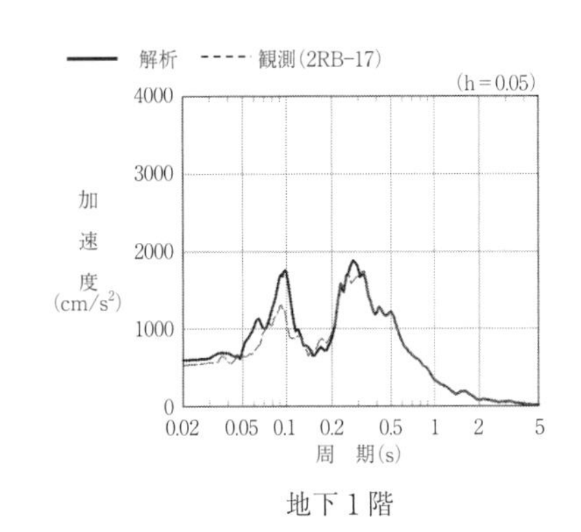

地下 1 階

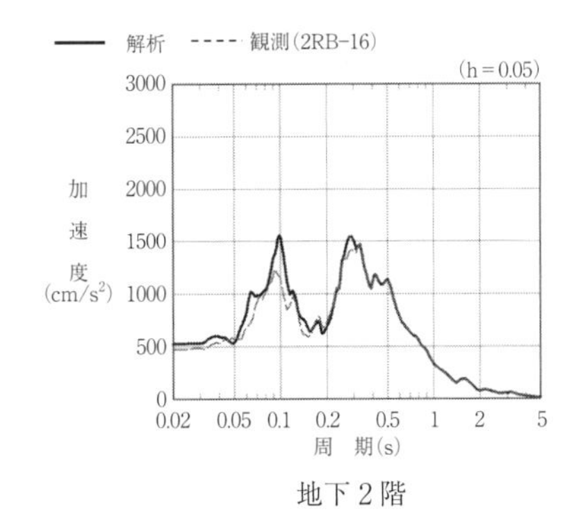

地下 2 階

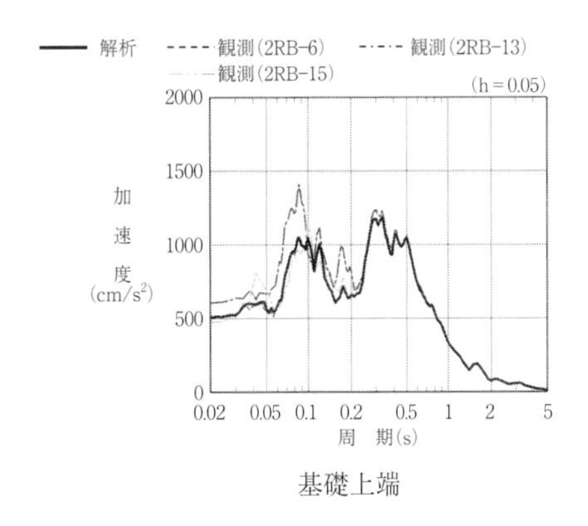

基礎上端

付図 4.1.2　2011 年東北地方太平洋沖地震のシミュレーション[2)]
（女川原子力発電所 2 号機原子炉建屋，南北方向）

付表 4.1.3　シミュレーション解析モデルの高度化[3]
（柏崎刈羽原子力発電所 6，7 号炉原子炉建屋）

		①　設計時	②　建屋モデル変更	③　地盤モデル変更（シミュレーション解析モデル）
建屋	コンクリートのヤング係数	設計基準強度に基づく	実剛性	実剛性
	剛性を考慮する部位	耐震壁	耐震壁＋補助壁	耐震壁＋補助壁
地盤	埋込み効果	周辺地盤 全層を考慮	周辺地盤 全層を考慮	周辺地盤 （埋戻し土を除く）
	側面ばね	水平	水平	水平・回転

（淡色）…設計時と同一の条件　（濃色）…設計時から変更した条件

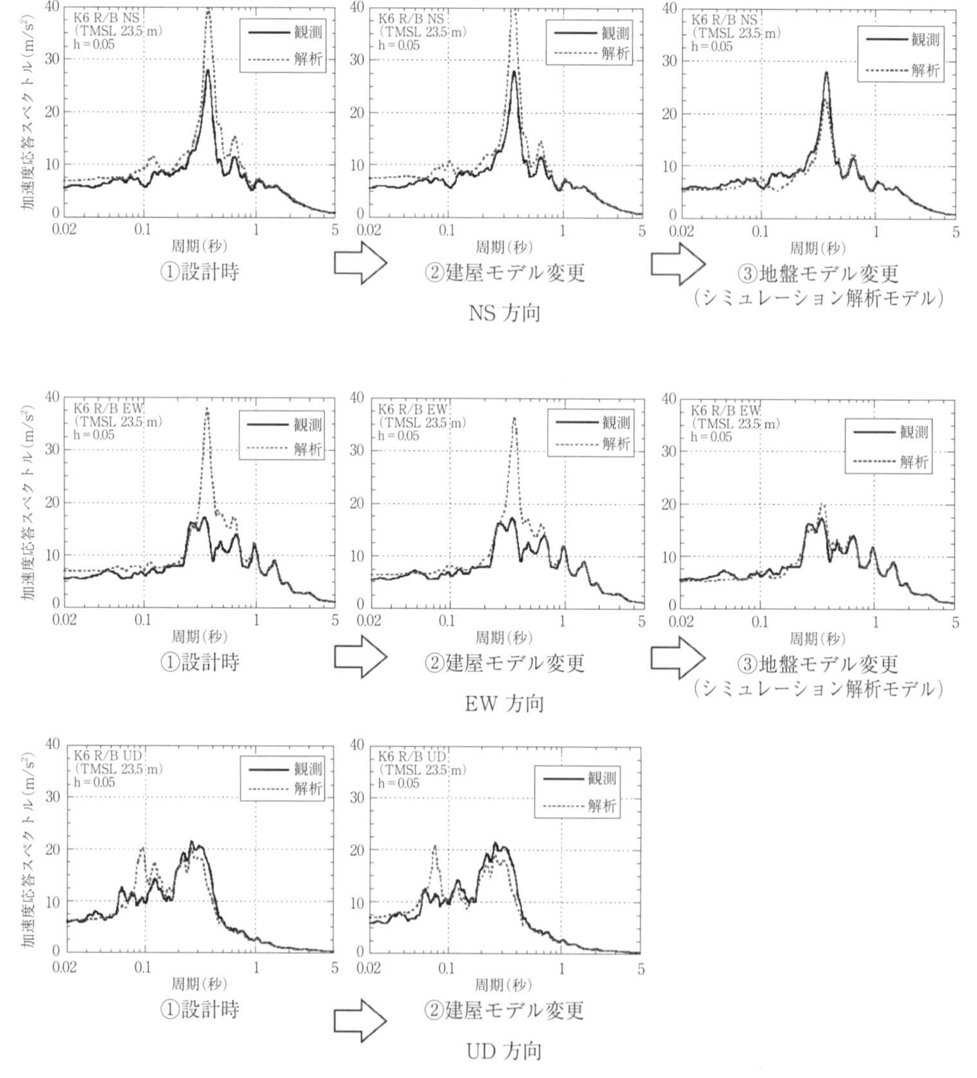

付図 4.1.3　2007 年新潟県中越沖地震のシミュレーション[3]
（柏崎刈羽原子力発電所 6 号炉原子炉建屋）

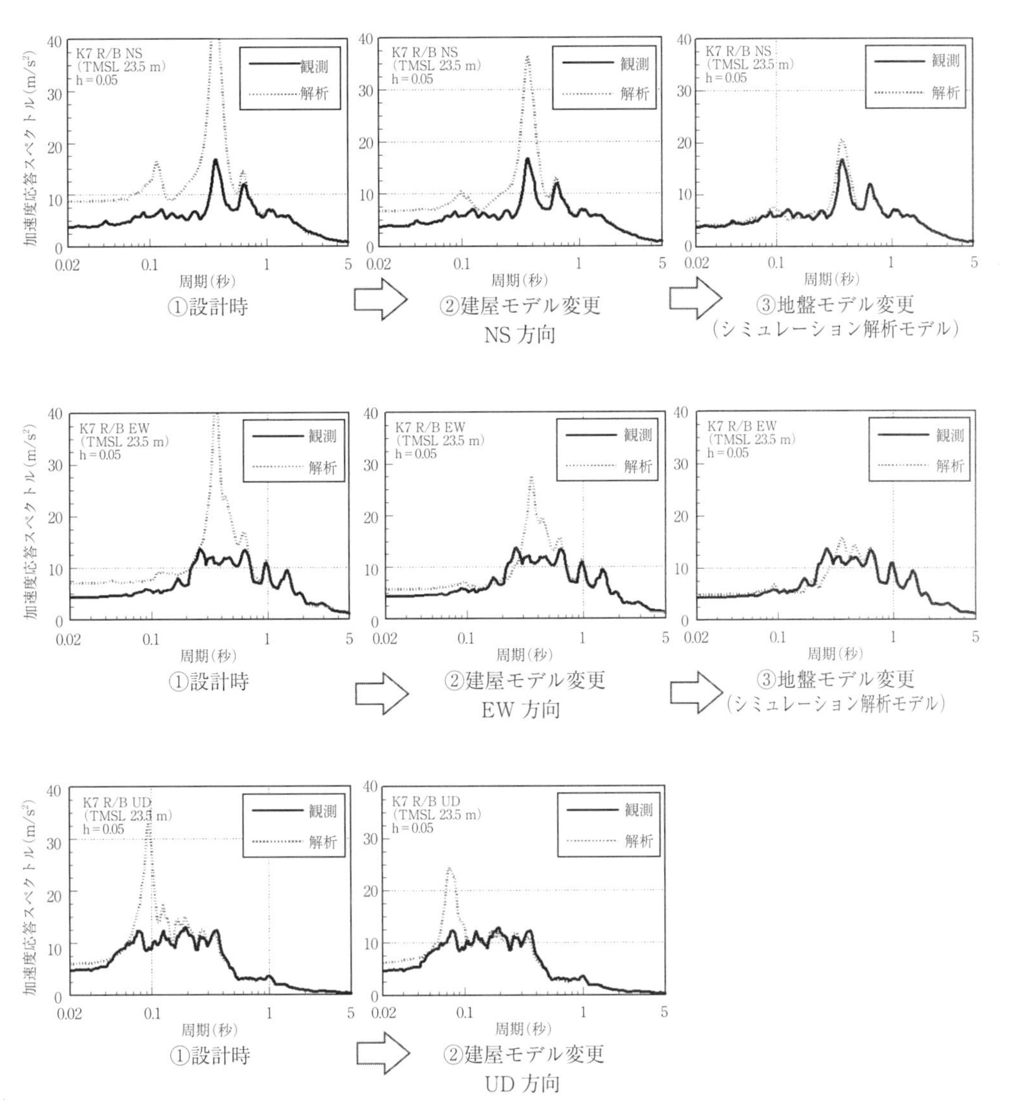

付図 4.1.4　2007 年新潟県中越沖地震のシミュレーション[3)]
(柏崎刈羽原子力発電所 7 号炉原子炉建屋)

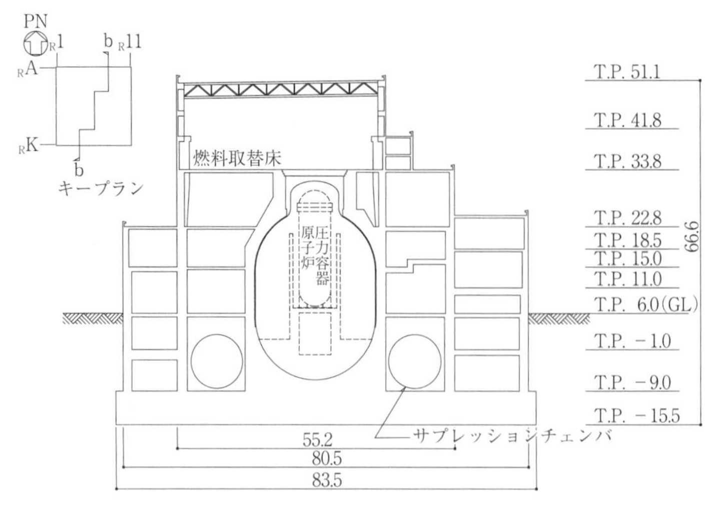

付図 4.1.5　原子炉建屋断面図[4)]
（浜岡原子力発電所 4 号機原子炉建屋）

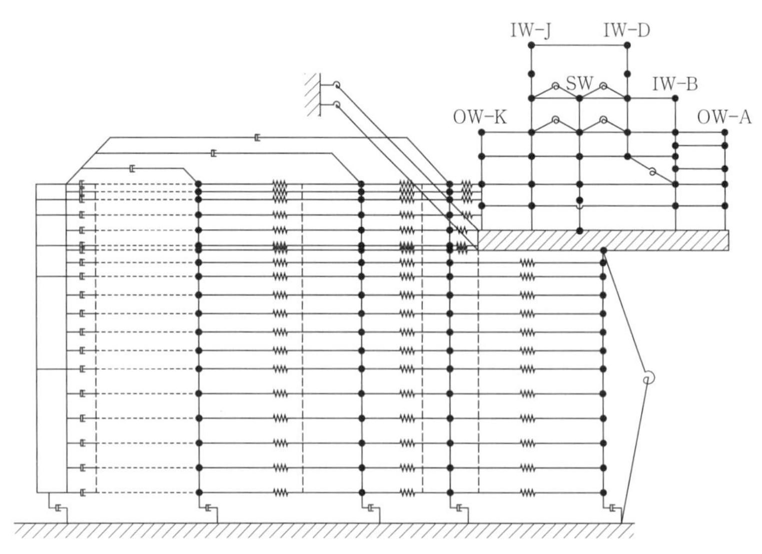

付図 4.1.6　シミュレーションモデル[4)]
（浜岡原子力発電所 4 号機原子炉建屋）

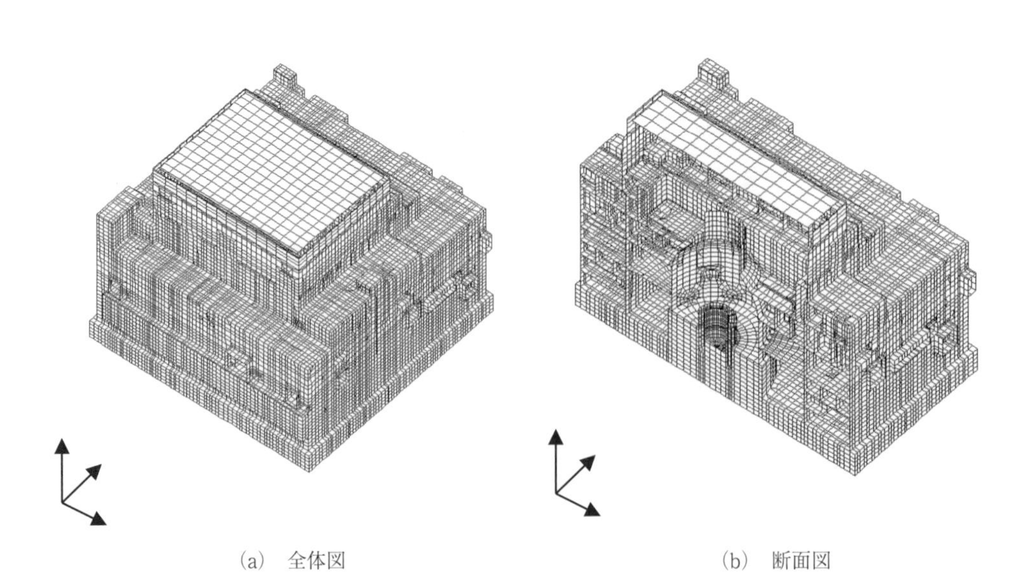

付図 4.1.7　3 次元 FEM モデル[4)]
（浜岡原子力発電所 4 号機原子炉建屋）

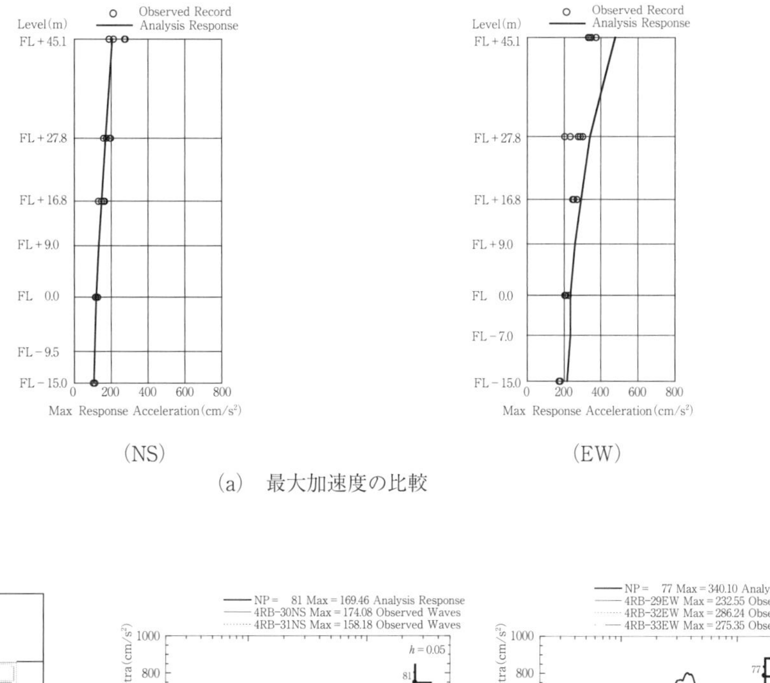

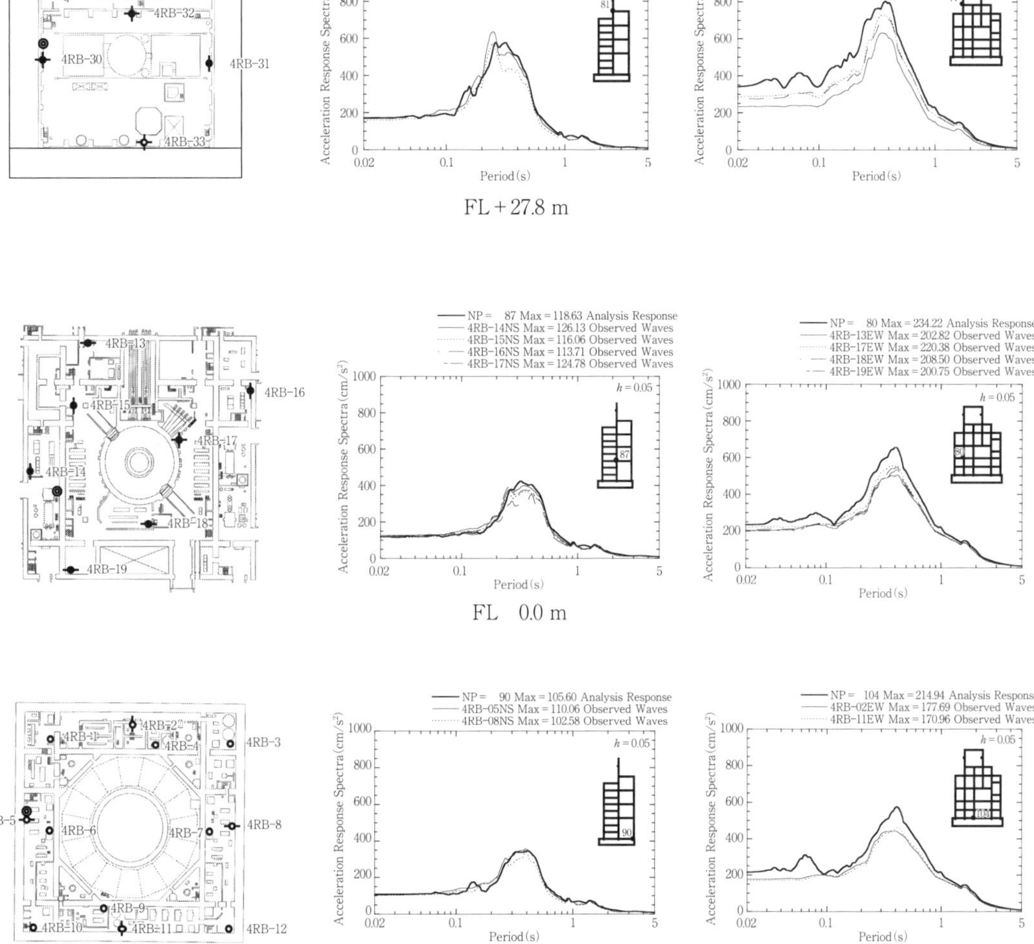

(b)　応答スペクトルの比較

付図 4.1.8　2009 年駿河湾地震のシミュレーション[4)]
(浜岡原子力発電所 4 号機原子炉建屋)

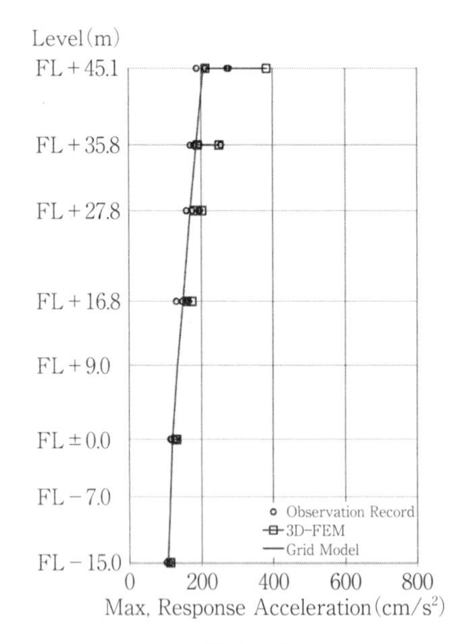

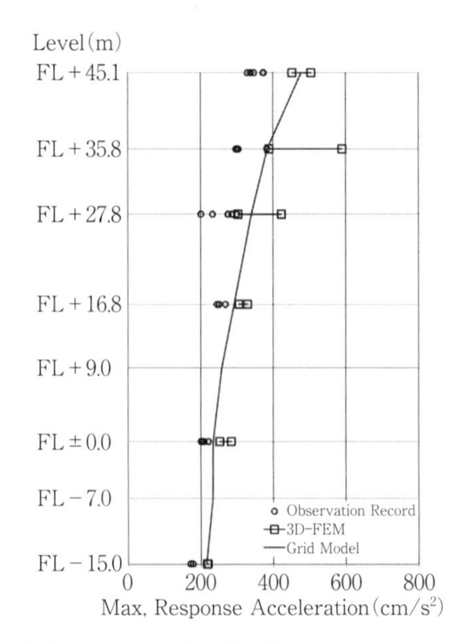

付図 4.1.9 シミュレーションモデルと 3 次元 FEM モデルとの比較[4)]
(浜岡原子力発電所 4 号機原子炉建屋)

参考文献

1) 東北電力：女川原子力発電所における宮城県沖の地震時に取得されたデータの分析・評価および耐震安全性評価について，2005.11
2) 日本建築学会：大地震に備えて～想定された宮城県沖地震への対応（女川原子力発電所)～，建築学会 PD 資料，2014
3) 東京電力：柏崎刈羽原子力発電所 6 号および 7 号炉 地震による損傷の防止について（指摘事項に対する回答)，2016.3
4) N Iwashima, Y Ohkouchi, M Furue, K Masutani（2015）：Study of simulation analysis of nuclear reactor building for Surugawan Earthquake, Structural Mechanics in Reactor Technology, 2015.8

第５章　限界状態と限界値の設定

本章では，原子力建築物の耐震性能を評価する際に用いる限界状態と限界値の設定について示す．

5.1　限界状態の設定

本ガイドブックでは，建築物の構造安全性が保持されていることが，重要な機器等の安全機能への影響を防止する点で重要であるため，表5.1に示すとおり，限界状態として構造安全性に関する終局限界を設定することを基本とする．原子力建築物では「設計における許容限界」および「終局限界」が設けられているが，「終局限界」を基本とし「設計における許容限界」は参考とする．

原子力建築物の設計では，耐震壁の各層の最大応答せん断ひずみ度に対し耐震性能を評価している．原子力建築物の耐震壁については，せん断耐力とせん断ひずみ度の関係が多くの実験により確認されており，耐震壁の限界値は，せん断ひずみ度に対する限界値 γ_u を設定することを原則とする．具体的な限界値の設定については「5.2 限界値の設定」に示す．RC耐震壁を主体とした原子力建築物の構造安全性の限界は耐震壁の層崩壊を想定しているが，具体的な限界値は，耐震壁のせん断実験における最大耐力時のせん断ひずみ度の値を基に設定している．限界値を設定する際の根拠については付5.1に詳しく示す．

原子力建築物の耐震性能を評価する際に用いる限界状態としては，建築物に求められる各種機能（支持機能，遮へい機能，負圧維持機能等）に対し，設定することが考えられるが，各機能に対する設計許容値は限界値に対し，十分に余裕をもった設定をしている．そのため，各機能の限界値は設計で求められている許容値を大きく超えている場合も多い．原子力建築物に求められる各種要求機能と許容限界については付5.2に示す．

表5.1　限界状態の設定

限界状態	限界値の設定方法
「設計における許容限界」	耐震壁の実験データに基づく最大せん断耐力時のせん断ひずみ度より，設計上の余裕を考慮して設定
「終局限界」 原子力建築物の構造安全性を保持する限界	耐震壁の実験データに基づく最大せん断耐力時のせん断ひずみ度より設定 「設計における終局限界」と「終局限界の統計量に基づく確定値」の２種類の限界値を設定

5.2　限界値の設定

（１）　設計における許容限界

原子力建築物の耐震設計規格JEAC4601[1)]では，耐震Ｓクラス機器を内包する建築物の鉄筋コンクリート造耐震壁について，各層の最大応答せん断ひずみ度が 2.0×10^{-3} の許容限界を超えてはならないとされており，設計における許容限界として，せん断ひずみ度 2.0×10^{-3} を限界値として設定する．

（２）　終局限界

終局限界の限界値については，JEAC4601[1)]で示されている設計における終局限界と実験による終局限界の統計量の２種類の限界値を設定する．

ａ．設計における終局限界

原子力建築物の構造安全性に関する終局限界については，原子力建築物の耐震設計規格JEAC4601[1)]で示されている耐震壁の終局点のせん断ひずみ度 4.0×10^{-3} を限界値として設定することが考えられる．耐震壁の終局点のせん断ひずみ度 4.0×10^{-3} は建物の波及影響を考慮する場合の限界量としても使われている．

b．終局限界の統計値

フラジリティ評価等の確率論的評価においては，実験による終局限界の知見を反映し，耐力のばらつきを考慮した終局限界の限界値を設定している．耐震壁（ボックス壁）のせん断耐力については，既往の実験値より最大荷重時のせん断ひずみ度の平均値（5.36×10^{-3}）およびばらつき（自然対数標準偏差 0.24）が求められ，地震 PRA 実施基準[2)]において用いられている〔表 5.2 参照〕．これらの値を終局限界の現実的な限界値として設定することが考えられる．

ここで紹介した限界値について，評価手法と限界値との対応を表 5.3 に示す．

表 5.2　耐震壁の終局限界の設定例（地震 PRA 実施基準[2)]より）

耐震壁の損傷限界点

損傷限界点の指標		平　均　値	変動係数（偶然的不確実さおよび認識論的不確実さの両者含む）
せん断応力 τ_u		式（BR.1a，BR.1b）	0.15
せん断ひずみ γ_u	ボックス壁	5.36×10^{-3}	0.24
	円筒壁	9.77×10^{-3}	0.33

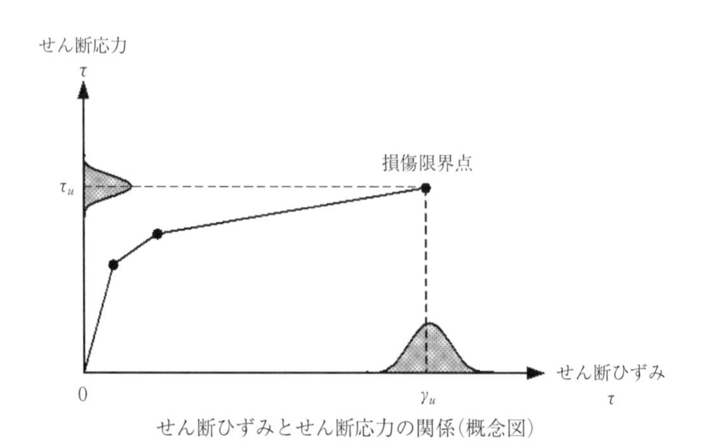

せん断ひずみとせん断応力の関係(概念図)

$$\tau_u=\left(1-\frac{\tau_s}{1.4\sqrt{F_c}}\right)\times\tau_0+\tau_s \qquad \tau_s\leqq1.4\sqrt{F_c} \cdots\cdots\cdots\cdots\cdots \text{(BR.1a)}$$

$$\tau_u=1.4\sqrt{F_c} \qquad \tau_s>1.4\sqrt{F_c} \cdots\cdots\cdots\cdots\cdots\cdots\cdots\cdots\cdots\cdots \text{(BR.1b)}$$

$$\tau_0=(0.94-0.56M/QD)\times\sqrt{F_c}$$

なお，$M/QD>1$ のとき $M/QD=1$ とする．

$$\tau_s=0.5\times\{(P_V+P_H)\times{}_s\sigma_y+(\sigma_V+\sigma_H)\}$$

ただし，

F_c　：コンクリートの圧縮強度（N/mm^2）

P_V, P_H：縦，横筋比（実数）

σ_V, σ_H：縦，横軸応力度（N/mm^2）（圧縮を正とする）

${}_s\sigma_y$　：鉄筋降伏応力度（N/mm^2）

M/QD：シアシパン比

表5.3　評価手法と限界値（耐震壁の層せん断ひずみ度）との対応

評価手法	推奨する限界値	備　　考
①応答値と限界値との比較による評価手法	設計における終局限界（せん断ひずみ度 4.0×10^{-3}） 終局限界の統計量 （例えば，せん断ひずみ度の平均値 5.36×10^{-3}）*	設計における許容限界（せん断ひずみ度 2.0×10^{-3}）を用いることも考えられる
②保有耐震性能指標による評価手法	設計における終局限界（せん断ひずみ度 4.0×10^{-3}） 終局限界の統計量 （例えば，せん断ひずみ度の平均値 5.36×10^{-3}）*	設計における許容限界（せん断ひずみ度 2.0×10^{-3}）を用いることも考えられる
③損傷確率による評価手法	終局限界の統計量（平均値・ばらつき）*	—
④フラジリティ曲線による評価手法	終局限界の統計量（平均値・ばらつき）*	—

［注］＊地震PRA実施基準[2]の値

5.3　ま　と　め

本章では，原子力建築物の耐震性能を評価する際に用いる限界状態と限界値の設定について示した．限界状態としては「設計における許容限界」と「終局限界」を設定し，限界値については耐震壁せん断ひずみ度の具体的な設定例を示した．

参 考 文 献

1）　日本電気協会：原子力発電所耐震設計技術規程　JEAC4601-2021, 2023.1

2）　日本原子力学会：原子力発電所に対する地震を起因とした確率論的リスク評価に関する実施基準（AESJ-SC-P006：2015）：日本原子力学会標準，2015.12

付 5.1　評価クライテリアに関する知見の整理

本ガイドブックで示されたそれぞれの評価法によって得られた結果は，対象とする地震動や使用する解析モデル，あるいは設定するクライテリア等の条件によって解釈が異なることになる．このうち，特にクライテリアについては，どのような条件・データに基づき評価されたものであるか，あるいは，どのような状態を表現しているものなのかを整理しておくことは，本ガイドブックに従い評価された結果を正しく解釈する上で重要になる．

そこで付 5.1 では，第 5 章で記載された鉄筋コンクリート（RC）造耐震壁の限界値に対して，その設定根拠と位置付けを整理した．なお，この内容は他の構造要素に対して限界値を設定する場合の参考になると考えられる．

（1）　現行設計における許容限界の設定根拠

文献 1）では，原子炉建屋を対象とした模型実験に基づき提案されているせん断応力度 τ—せん断ひずみ度 γ 関係スケルトンカーブの各折点（第 1 折点，第 2 折点および終局点）の設定根拠が示されている．このうち，RC 造耐震壁の評価クライテリアとして用いているせん断ひずみ度の終局点 γ_3 については，以下のように設定されている．

まず，対象とした 48 体の試験体（ボックス型（I 型含む）29 体，円筒型（八角形筒体含む）15 体，その他（円錐台形，ボックス型対角）4 体）について，形状ごとに最大荷重時のせん断ひずみ度を評価すると，付表 5.1.1 のように，ボックス型に比べて円筒型の方が，最大荷重時の最終的なせん断ひずみ度の値は，1.8 倍程度大きくなっていた．これを代表的な試験体の荷重変形関係でみると，付図 5.1.1 に示すように，ほぼ最大荷重に達した後のフラットな部分が，ボックス壁では短く，円筒壁では長くなっているのが原因と考えられ，ほぼ最大荷重に達するときのせん断ひずみ度は，形状にかかわりなく，おおむね 4.0×10^{-3} 程度であった．これは，富井の研究結果に基づき，本会「鉄筋コンクリート構造計算規準・同解説」[2]で「耐震壁の負担せん断力が最大値に達しているのはせん断変形が 4.0×10^{-3}」と記載されているのと整合している．これらのことから，文献 1）では，ボックス壁，円筒壁ともに，τ—γ 関係スケルトンカーブのせん断ひずみ度の終局点を 4.0×10^{-3} と設定している．

なお，付表 5.1.1 に示した実験結果の統計量から，平均値—標準偏差の値を計算すると，ボックス壁では $5.36\times10^{-3}-1.38\times10^{-3}=3.98\times10^{-3}$，円筒壁では $9.77\times10^{-3}-3.17\times10^{-3}=6.60\times10^{-3}$ となり，ボックス壁はおおむね 4.0×10^{-3} に等しいが，円筒壁の方は 4.0×10^{-3} に対して 1.5 倍程度大きな値となる．これは，円筒型等の場合には，最大耐力に達したあと，さらに変形が伸びるためであるが，文献 1）では，設定値に比べて実験値が大きくなることについては今後の検討課題としている．

付図 5.1.2 は，付表 5.1.1 の統計量から正規分布を仮定して分布形状を図示（図中点線）したものであるが，これを見ると，円筒壁の場合であっても，4.0×10^{-3} を下回る確率がかなり大きいことがわかる（ボックス壁の場合では，4.0×10^{-3} は，おおむね平均値—標準偏差に位置付けされるので，4.0×10^{-3} を下回る確率は 15％ 程度もあることになる）．しかしながら，実際の実験結果によると，終局せん断ひずみ度が 4.0×10^{-3} を下回った試験体は，全 48 体中数体だけであり，実験結果は必ずしも正規分布には従っておらず，4.0×10^{-3} はほぼ下限値に近い値と考えられる．

付表 5.1.1　試験体形状別の最大荷重時せん断ひずみ度[1)]

	データ数	平均値	標準偏差	変動係数
ボックス型壁，I 型壁	29	5.36	1.38	0.26
円筒壁，八角形筒体壁	15	9.77	3.17	0.32
円錐台壁，ボックス型対角	4	7.68	3.68	0.46
全体	48	6.93	3.02	0.44

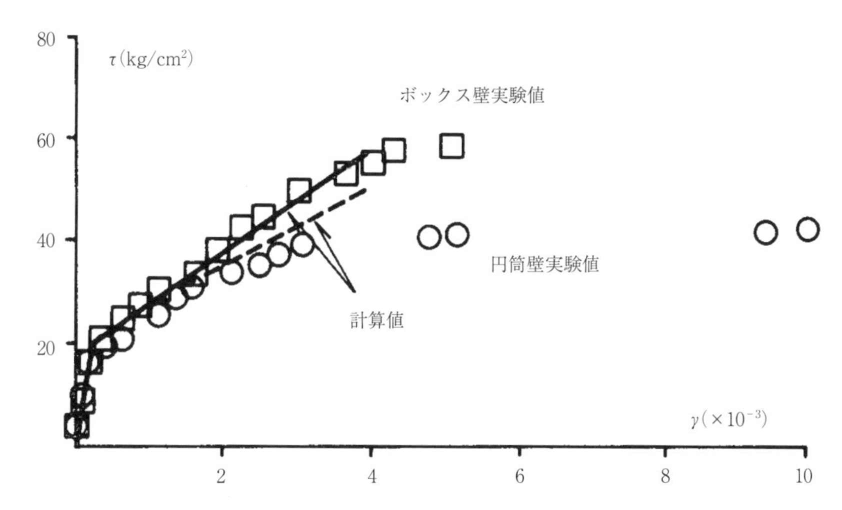

付図 5.1.1　τ—γ 関係包絡点とスケルトンカーブ計算値の比較例[1)]

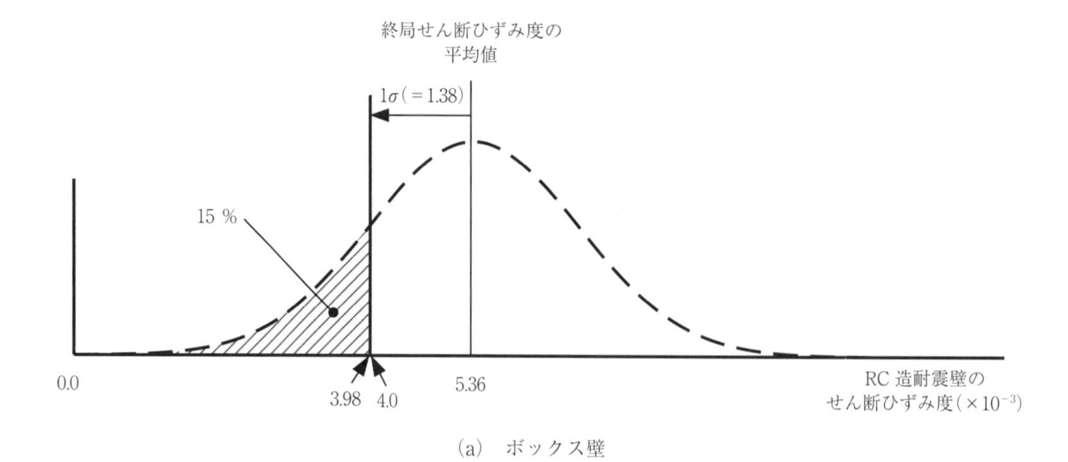

(a)　ボックス壁

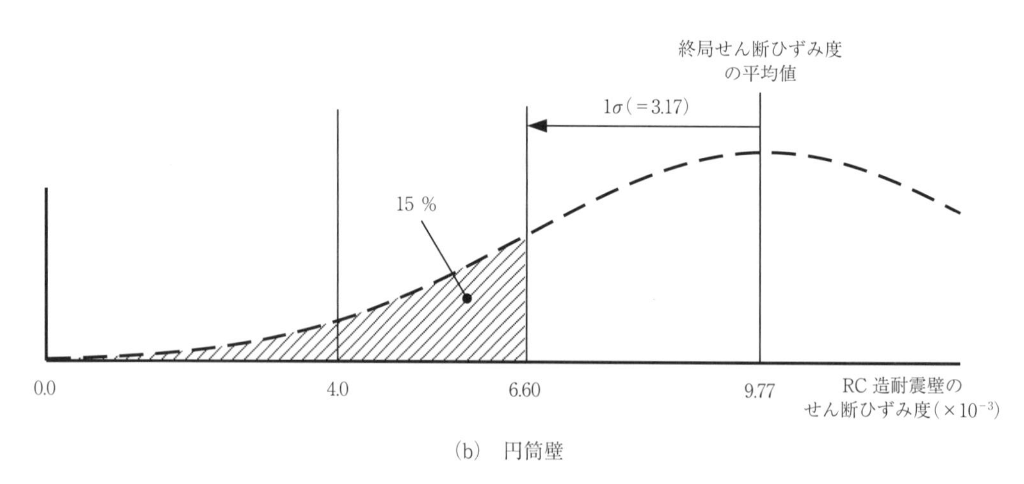

(b)　円筒壁

付図 5.1.2　復元力特性の終局せん断ひずみ度 4.0×10^{-3} の統計的な位置付け

［注］　参考として正規分布を仮定した場合の分布形状を点線で示す．実験結果では，4.0×10^{-3} を下回るものは 48 体中 3 体しかないので，上記の分布形はあくまでも参考である．

この実験の整理結果を受け，（一社）日本電気協会「原子炉建屋の耐震設計上の許容限界【鉄筋コンクリート造】に関する調査報告書（原子力発電耐震設計特別調査委員会　調査報告書 Vol. 9）昭和 62 年 2 月」[3)]では，せん断ひずみ度の許容限界に対する目安値を $\gamma_a=\gamma_u/2.0$，すなわち，$4.0\times10^{-3}/2.0=2.0\times10^{-3}$ と設定した．この理由は以下の通りである．

まず，文献 1）で得られたボックス壁および円筒壁の最大荷重時のせん断ひずみ度の統計量〔付表 5.1.1〕を，大きくボックス壁と円筒壁に再整理した結果を付表 5.1.2 に示す（付表 5.1.1 では，実構造物ではほとんど例がない円錐台型，他とは加力の方向が異なるボックス型対角は除いて評価していたが，ここではそれらも含めて再整理）．これと，付表 5.1.1 とを比べると，総試験体数は 48 で一致しているものの，ボックス＋I 型の試験体数は，付表 5.1.1 は 29 であるのに対して，付表 5.1.2 は 28 である．この原因は定かではないものの，ボックス＋I 型に対する終局せん断ひずみ度の平均値と標準偏差は，付表 5.1.1 の結果とほぼ整合している．それに対して，円筒壁とそれに類似する形状の試験体の結果については，付表 5.1.1 で二つに分類していたものを一つにまとめ，円錐台およびボックス対角加力についても円筒壁の中に含ませたため，終局せん断ひずみ度の平均値が若干小さくなるとともに，標準偏差が微妙に大きくなっている．

付表 5.1.2　再整理された試験体形状別の最大荷重時せん断ひずみ度[2)]

形　　状	試験体数	終局せん断ひずみ度　γ_u（$\times 10^{-3}$）			
		最小値	最大値	平均値 τ_u	標準偏差（σ）
円筒，円錐台，八角形，ボックス対角加力	20	4.0	13.8	9.2	3.3
ボックス，I 型	28	3.2	8.6	5.4	1.4

この結果に基づき，文献 3）では，ばらつきの分布が正規分布に従うと仮定し，それぞれの試験体形状に対して 95 % 信頼値の値を評価した〔付図 5.1.3 参照〕．すなわち，

ボックス壁：$5.4\times10^{-3}-1.64\times1.4\times10^{-3}=3.1\times10^{-3}$

円筒壁　　：$9.2\times10^{-3}-1.64\times3.3\times10^{-3}=3.8\times10^{-3}$

である．一方，計 48 体の模型実験で得られた最大荷重時のせん断ひずみ度の最小値は，付表 5.1.2 に示されている通り，

ボックス壁：3.2×10^{-3}

円筒壁　　：4.0×10^{-3}

であった．両者の結果から，両者を包絡する形で，終局せん断ひずみ度の下限値として 3.0×10^{-3} を設定した．

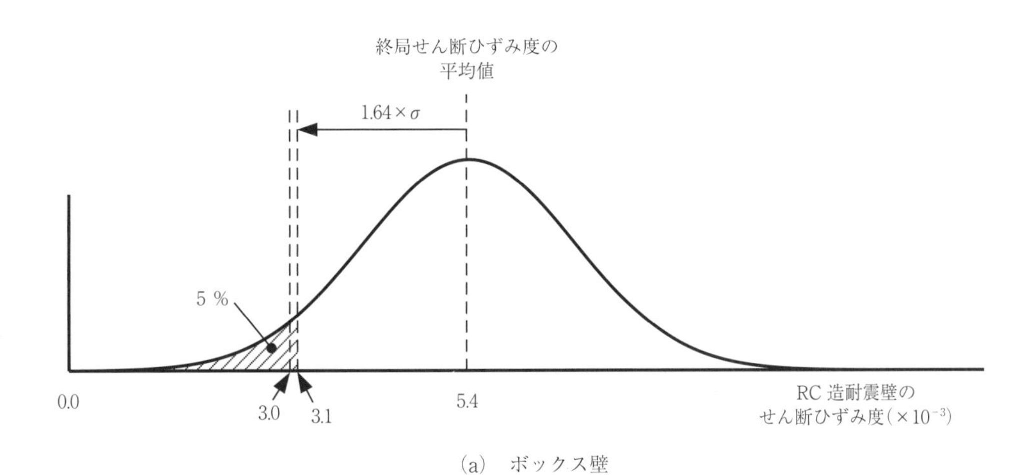

（a）　ボックス壁

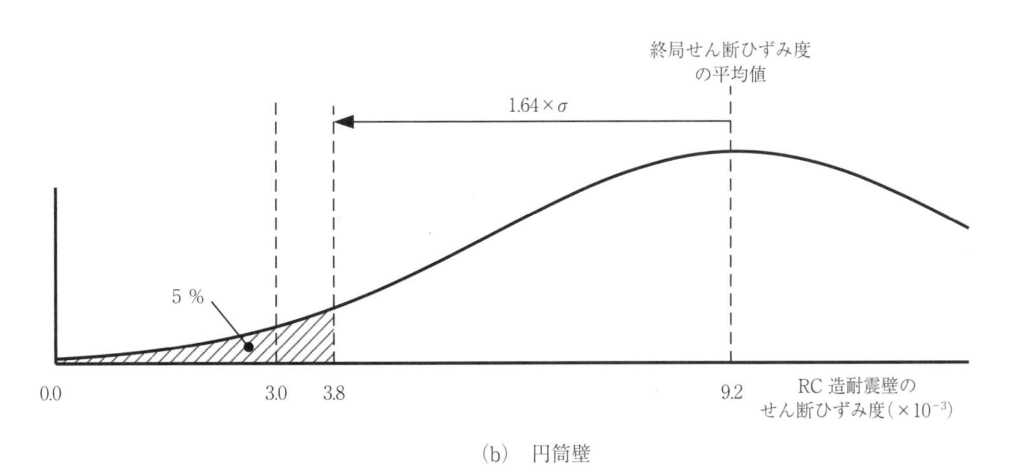

（b）　円筒壁

付図 5.1.3　せん断ひずみ度の許容値（終局限界の下限値）3.0×10^{-3} の統計的な位置付け
（終局せん断ひずみ度のばらつきが正規分布に従うと仮定している）

ただし，この限界変形を定めるにあたり，①支持機能に関する実験データが不足していて，多少の不確定要因を有していること，また，②設計に用いる応答量には復元力特性や解析モデル，あるいは解析条件等に基づくばらつきが含まれると考えられることから，模型実験の95％信頼値および最小値の包絡で設定された限界変形3.0×10^{-3}に対して，工学的判断により1.5倍の余裕を確保することとして，結局，せん断ひずみ度の許容限界に対する目安値（機能維持限界）としては，

$$3.0\times10^{-3}/1.5=2.0\times10^{-3}$$

が提案された．また，この2.0×10^{-3}は，τ—γ関係スケルトンの終局せん断ひずみ度4.0×10^{-3}に対しては，

$$4.0\times10^{-3}/2.0=2.0\times10^{-3}$$

というように，2倍の安全率を考慮したという位置付けになる．

なお，付図5.1.2の説明において示したように，実験結果による終局せん断ひずみ度のばらつきを正規分布に仮定した場合の4.0×10^{-3}を下回る確率と，実際に4.0×10^{-3}を下回った実験結果の割合は整合していないことから，終局せん断ひずみ度のばらつきは必ずしも正規分布に従うとはいえない．そのため，上記のように正規分布を仮定して評価された95％信頼値の値も，仮定する分布形が異なれば，結果が変わってしまうことに注意する必要がある．

また，次項の（2）で示すように，実験から得られた終局せん断ひずみ度は，直接計測されたものではなく，全体変形から曲げ変形分を引くことで評価されたものである．そのため，実験で得られた終局せん断ひずみ度の値そのものにも，このような評価に伴う誤差が含まれていることに注意する必要がある．

（2） 終局限界における耐震壁の状況

このように，RC造耐震壁のせん断ひずみ度に対するクライテリアの統計的な位置付けとしては上記のような説明になるが，RC造耐震壁の終局状態の理解をより深めるために，せん断ひずみ度が4.0×10^{-3}となった場合のRC造耐震壁はどのような状態であるかを，既往の実験結果を参照して確認した．

付図5.1.4に，荷重—変形関係上において，せん断ひずみ度が4.0×10^{-3}の位置を示す[4)]．付図5.1.4の横軸は全体変形角であるが，後述する手法で全体変形角を曲げ変形分とせん断変形分に分離すると，せん断変形角（せん断ひずみ度）が4.0×10^{-3}となるのは，全体変形角で見ると5.0×10^{-3}程度に相当する．図によると，せん断ひずみ度4.0×10^{-3}というのは，荷重—変形関係において縦筋の一部が降伏してはいるものの，横筋はまだ降伏に達しておらず，最大荷重の手前の状態にあることが確認できる．

なお，実験では，直接的には全体変形角が計測される．これを曲げ変形分とせん断変形分に分離する方法としては，試験体耐震壁の左右端の鉛直変位の差が曲げ変形によるものと仮定して，計測結果から曲げ変形角を計算し，それを全体変形角から引くことでせん断変形角を評価している．全体変形における曲げ変形とせん断変形の割合は，試験体の形状やひずみ度のレベルによっても異なるが，せん断変形は全体変形に対して，おおむね70～80％程度である．

さらに，付図5.1.4からもわかるように，最大耐力点以降も靭性的挙動が見られ，実際は終局耐力（終局せん断ひずみ度）を超えた後も，ある程度の耐力は保持することが確認できる．

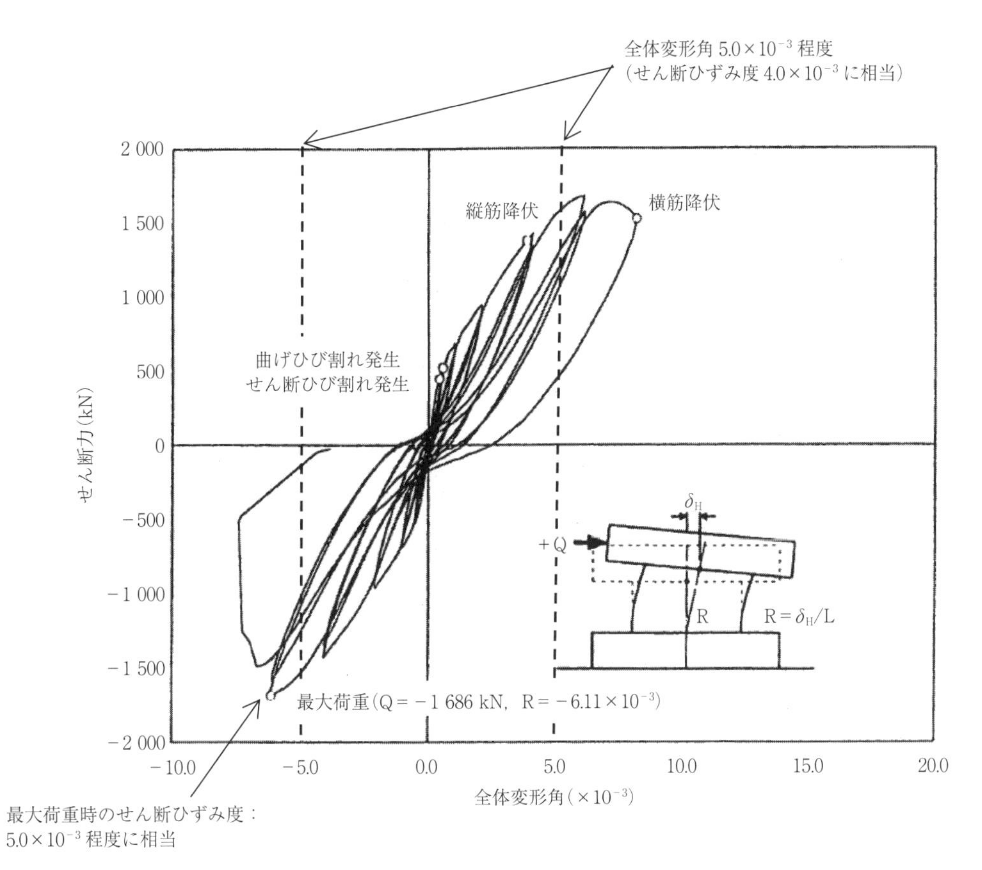

付図 5.1.4　試験体の荷重—変形関係の例[4)]

参 考 文 献

1）稲田泰夫，田中宏志：原子炉建屋鉄筋コンクリート耐震壁の復元力特性評価法　その 3．せん断応力度—ひずみ度関係スケルトンカーブ，日本建築学会大会学術講演梗概集，2147，pp. 293-294，1987.10

2）日本建築学会：鉄筋コンクリート構造計算規準・同解説，1999

3）瀬戸川葆，松村孝夫，児玉城司：原子炉建屋鉄筋コンクリート耐震壁の許容限界（その 2）構造性能上の限界値の試算，日本建築学会大会学術講演梗概集，2092，pp. 183-184，1987.10

4）原子力発電技術機構：耐震安全解析コード改良試験　原子炉建屋の多入力試験に関する報告書　平成 10 年度，1999.3

付 5.2　各種要求機能と許容限界

原子力建築物の設計段階での機能維持検討における各種要求機能とその許容限界について，耐震性能との関係を踏まえ以下に示す．

設計段階においては，想定される地震力に対して建築物が機能を喪失することがないように許容限界は余裕をみて設定される．これに対して性能評価においては，実際の耐力により近い許容限界が採用される．性能評価における許容限界は，耐力の平均値とするとか一定の余裕を持たせるといったように，その目的に応じて設定すればよい．現在多く採用されている設計段階での許容限界の考え方を JEAC4601[1)] より以下に示す．

（1）　支持機能に対する耐震性能

原子力構造物は原子炉を①止める，②冷やすために必要な機器や配管を壁や床で支持し，地震時でも機能が維持される必要がある．S クラス機器を支持する壁は，基準地震動 Ss が作用した場合でも建屋各層の最大応答せん断ひずみ度が許容限界を超えなければ，アンカー等の耐力が確保され，支持機能を満足するとされている．機器・配管の支持部は，支持構造物から鉄筋コンクリート壁・床へアンカー部を介して荷重伝達され，壁・床に面外引張力が発生する．地震力による面内せん断ひずみ度や面内せん断力が大きい場合，支持機能に対する許容限界は耐震壁に面内せん断力と面外引張力を同時に作用させた耐震壁の実験結果より，付図 5.2.1 に示すように規定されている．

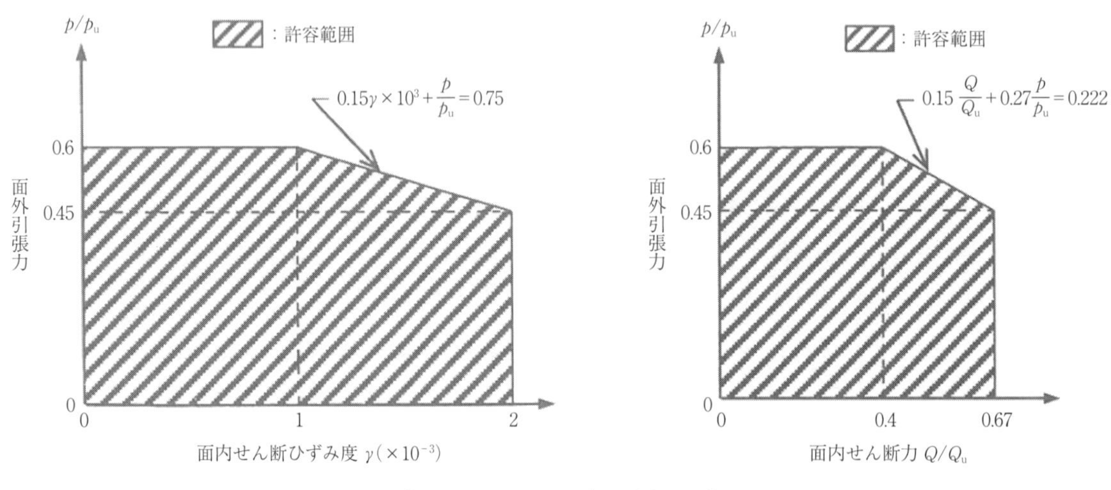

付図 5.2.1　アンカー部の許容限界[1)]

付図 5.2.1 の左図の横軸は地震力による各層の面内せん断ひずみ度 γ で，鉄筋コンクリート造耐震壁の復元力特性の評価法で定まる復元力特性を用いた応答解析結果に基づく値である．横軸の許容範囲は，耐震壁の耐震設計上の許容限界である 2.0×10^{-3} としている．

同図の縦軸は機器・配管の基礎ボルトに作用する面外引張力 p をコーン破壊耐力 p_u で除した値 p/p_u で，p_u は付式 5.2.1 による．付式 5.2.1 は付図 5.2.1 の根拠となる実験結果とも整合しているが，アンカーの埋込み長さが極端に深い場合には，実験条件との差異に留意する必要がある．

$$p_u=0.31\cdot A_c\cdot\sqrt{F_c} \qquad \text{（付式 5.2.1）}$$

ここに，p_u：定着部コンクリートのコーン破壊耐力（N）

A_c：有効投影面積（mm^2）

F_c：コンクリートの設計基準強度（N/mm^2）

縦軸の許容範囲は，アンカーボルトのコーン破壊で面外耐力が決定する試験結果の 95％ 信頼値の下限値をコーン破壊耐力で除した場合の係数が 0.6 であったことを根拠としている．

ここに，面内加力による影響と面外加力による影響をそれぞれ独立であると考えると許容範囲は矩形になる．しかし，面外—面内加力試験結果を考慮すると，せん断ひずみ度が 1.0×10^{-3} 以上の領域で実験結果と合致しないため，一部を切り落とした許容範囲を設定している．

横軸の 2.0×10^{-3} は，耐震壁の実験結果より得られた最大耐力時のせん断ひずみ度の 95％信頼下限値に安全率 1.5 を見込んだものであるのに対し，縦軸はアンカーボルトのコーン破壊による面外耐力の実験結果の 95％信頼下限値をコーン破壊耐力で除した値となっており，縦軸と横軸の許容範囲の位置付けは異なることになる．なお，付図 5.2.1 の右図は面内せん断力と面外引張力の許容限界の関係を示す．

なお，付図 5.2.1 の左図における横軸の許容限界の上限値 2.0×10^{-3} は，近年の研究においては 3.0×10^{-3} 程度まで拡張できる可能性があることが提案されている[2]．

（2）　遮へい機能に対する耐震性能

JEAC4601[1]によれば，「建物・構築物の各層の耐震壁が，せん断ひずみ度の許容限界を満足している場合は，地震後における各層の残留ひずみは小さい．さらに，耐震重要度に応じた地震力に対して対象部位の設計がなされていれば，地震後にひび割れはほぼ閉鎖しており，貫通するひび割れが直線的に残留していることはないと考えられることから，遮へい機能は維持されていると判断できる」とされている．地震力による耐震壁の損傷と放射線の透過率（あるいは減衰率）との関係を定量的に把握できる資料はわずかであるが，耐震重要度に応じた設計がなされていれば，地震後にひび割れはほぼ閉鎖して，ひび割れが直線的に貫通して残留することはほとんどないと考えられる．

（3）　負圧維持機能に対する耐震性能

原子炉建屋の一部エリアにおいては，放射性物質の漏えい防止機能として建屋内部を常時あるいはある条件下で換気空調設備により負圧を維持する必要がある．地震時においても，BWR 型原子炉建屋では原子炉棟，PWR 型原子炉建屋ではアニュラス部において負圧が維持される必要がある．

耐震壁を対象とした実験結果に基づく評価より[3]，地震応答による最大応答せん断ひずみ度が 2.0×10^{-3} 以下であれば，負圧維持機能は維持されるものと考えられている．

（4）　波及的影響防止機能に対する耐震性能

原子力建築物の壁，床等はその破損により耐震 S クラスおよび耐震 B クラスの主要設備に波及的影響を及ぼさないことを確認する必要がある．JEAC4601[1]によれば，「波及的影響を考慮すべき建物・構築物を構成する部位は，対象とする上位の耐震クラスに分類される施設の確認用地震動から求まる地震力によって生じる当該部位が属する層の最大応答せん断力が，保有水平耐力に至らないことを確認する」としている．

参 考 文 献

1）　日本電気協会：原子力発電所耐震設計技術規程　JEAC4601-2021, 2023.1

2）　長田宗平，前中敏伸，梅木芳人，大河内靖雄，藪内耕一，川角佳嗣：地震荷重を受ける RC 壁に設置された機器アンカーの支持性能（その 5 実験および解析検討のまとめ），日本建築学会大会学術講演梗概集，2015.9

3）　原子力発電技術機構：原子力発電施設耐震信頼性実証試験　原子炉建屋総合評価　建屋基礎地盤系評価に関する報告書（その 2），1997.3

第６章　耐震性能の評価

本章では，原子力建築物の耐震性能の評価手法と耐震性能の明示方法について示す．第２章で示した以下の４つの手法それぞれについて，入力地震動の設定，解析条件の設定，限界状態と限界値の設定および耐震性能の評価手法と明示の方法について示す．

①　応答値と限界値との比較による評価手法

②　保有耐震性能指標による評価手法

③　損傷確率による評価手法

④　フラジリティ曲線による評価手法

手法①，②は，従来から広く用いられている決定論を用い，耐震性能を確定値として評価する手法である．そのため，評価される耐震性能の値は，比較的なじみやすく，直接的に判断しやすいものであると考えられる．

それに対して，手法③，④は，手法①，②で用いられている決定論的な耐震性能評価で用いる応答解析手法，耐力評価が，どの程度安全側の仮定に基づくものかを含めて，不確実さを考慮して耐震性能を確率論的に表現するものである．特に「④フラジリティ曲線による評価手法」で得られるフラジリティ曲線は，地震ハザード曲線と組み合わせ，建築物の（条件付きではない）損傷確率を算定するのに必要であり，地震に対する確率論的リスク評価をする上で重要な指標である．しかし，損傷確率やフラジリティ曲線を見ただけでは，耐震性能がどの程度あるのか，直接的には判断しにくいものとなり，耐震性能を明示化するには，確率論的リスク評価に対する知識や解釈が必要となる〔具体的には，以下の各節に示した「耐震性能評価の明示」の項を参照〕．

ただし，付2.1にも示したように，これら４つの手法はまったく独立した評価手法というわけではなく，建築物が本来有している耐震性能を，異なる評価手法で評価するために，異なる表現・異なる定量値になるわけである．よって，評価の目的に応じて，適宜，①～④のいずれかの手法を選択するものの，場合によっては，複数の手法を選択して，得られた結果を相互に補完しながら，対象とする建屋の耐震性能を明示化することも有効であると考えられる．

なお，いずれの手法を用いた評価においても，耐震性能を明示する場合は，対象となる建屋，対象部位（最も耐震性能が小さい部位），入力条件としてどのような地震動として何を用いたか，を示すことが重要となる．同時に，設定した限界状態を示し，得られた耐震性能がどのような限界に対して評価されたものであるかを示すことが重要である．

また，上記の情報に加えて，参考情報として物性値の設定，解析モデル，解析方法についても合わせて記述することが望ましい．

6.1　応答値と限界値との比較による評価手法

「①応答値と限界値との比較による評価手法」の評価フローを図6.1に，評価の手順を以下に示す．

（1）　評価方針の設定

a．地震動の選定

評価の目的に適合した地震動を選定する．「第３章　地震動」に基づく地震動であれば制限は特にないが，原子力建築物の耐震設計で用いられている評価手法であることから，設計で用いられている基準地震動を用いることが多い．

b．限界状態および限界値の設定

限界状態としては終局限界を設定する．

c．解析条件の設定

評価対象となる実構造物に対する振動実験，地震観測記録のシミュレーション解析，材料試験等による知見を反映することを基本とするが，設計で用いる解析法，解析モデル，材料物性値を用いることも可能である．

（2）　建築物解析評価

a．解析モデルの設定

評価方針の設定に合わせ，解析モデルを設定する．質点系モデルを用いる事を原則とする．

b．入力地震動の設定

評価方針の設定で選定した地盤条件等を考慮し，選定した地震動に対して入力地震動を設定する．

c．応 答 解 析

非線形時刻歴応答解析を実施する．

d．評　　　価

解析結果から得られた耐震壁の層せん断ひずみ度と設定した限界値を比較する．応答値＜限界値であれば耐震性能が満足すると評価できる．

（3）　耐震性能評価の明示

対象建築物について，設定した入力地震動に対して得られた応答結果と限界値を比較することで耐震性能を明示する．

このとき，図6.2に示されるように，応答結果が限界値を下回っていれば「耐震性がある」，逆に応答結果が限界値を上回っていれば「耐震性がない」と判断されるが，同じ「耐震性がある」場合であっても，応答値が終局限界値に近いところにある場合と，応答値が終局限界値に対して十分小さい場合とでは，耐震性能の大小に差があると考えられるので，評価で得られた応答結果（耐震壁の最大応答せん断ひずみ度）と限界値（終局せん断ひずみ度）の具体的な値についても示すことが望ましい．

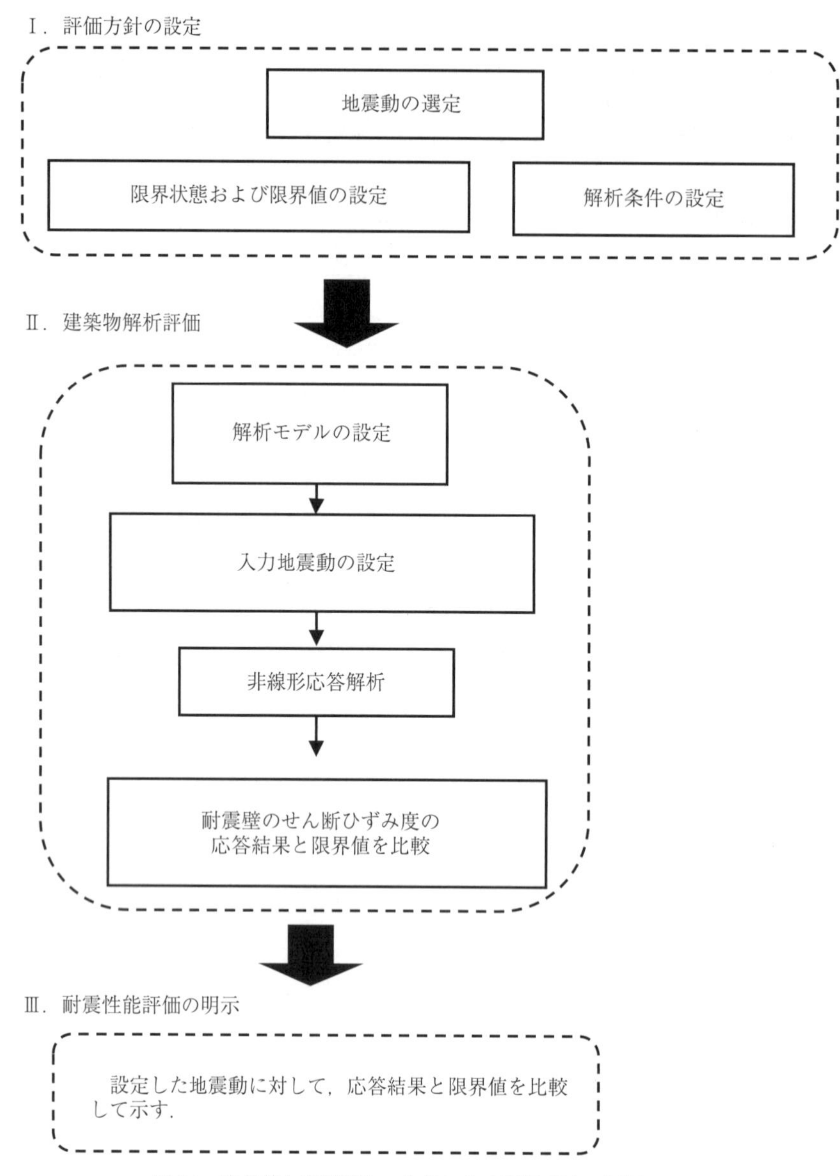

図 6.1　応答値と限界値との比較による評価手法の評価フロー

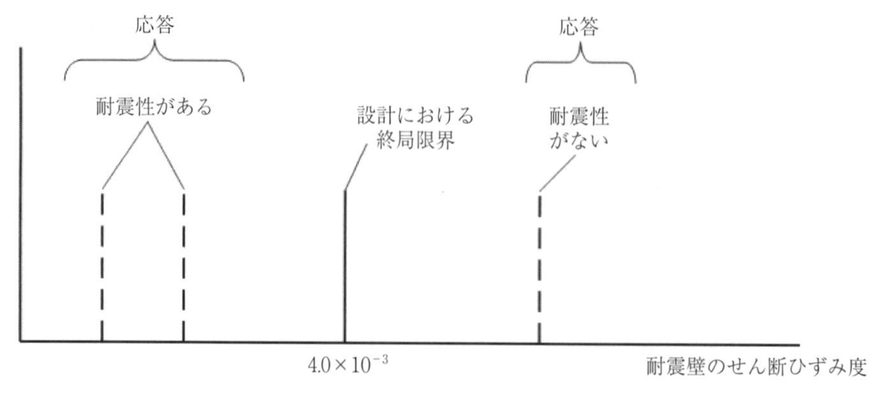

図 6.2　応答値と限界値との比較による明示例

6.2　保有耐震性能指標による評価手法

「②保有耐震性能指標による評価手法」の評価フローを図6.3に，評価の手順を以下に示す．

（1）　評価方針の設定

a．地震動の選定

評価の目的に適合した地震動を選定する．「第3章　地震動」に基づく地震動であれば選定する地震動に対する制限はないが，特定の周波数成分が卓越した場合，入力の倍率を大きくしても限界値に達しないことがあるため，設計で用いられている応答スペクトル法に適合した基準地震動を用いることが多い．

b．限界状態および限界値の設定

限界状態としては終局限界を設定する．

c．解析条件の設定

評価対象となる実構造物に対する振動実験，地震観測記録のシミュレーション解析，材料試験等による知見を反映することを基本とするが，設計で用いる解析法，解析モデル，材料物性値を用いることも可能である．

（2）　建築物解析評価

a．解析モデルの設定

評価方針の設定にあわせ，解析モデルを設定する．質点系モデルを用いることを原則とする．

b．入力地震動の設定

評価方針の設定で選定した地盤条件等を考慮し，選定した地震動に対して入力地震動を設定し，応答結果が限界値に達するまで，入力地震動を係数倍した解析を実施する．

c．応 答 解 析

非線形時刻歴応答解析を実施する．

d．評　　価

解析結果から得られた耐震壁の層せん断ひずみ度と設定した限界値を比較する．保有耐震性能指標を次式により評価する．解析において応答結果が限界値に達した時の入力倍率が保有耐震性能指標となる．

$$\text{保有耐震性能指標}=\frac{\text{限界地震動の強さ}}{\text{基準となる地震動の強さ}}$$

（3）　耐震性能評価の明示

対象建屋について，設定した地震動に対する保有耐震性能指標を明示する．

図6.4に保有耐震性能指標による評価手法の評価例を示す．質点系モデルを用いた動的非線形解析を実施し，設定した入力地震動の入力倍率を1.0倍，1.5倍，2.0倍，2.5倍，3.0倍および3.5倍とした場合に，最もせん断ひずみ度が大きくなる耐震壁の評価例である．終局限界に対する限界値を耐震壁のせん断ひずみ度で4.0×10^{-3}と設定した場合，入力倍率が2.5～3倍で限界状態に達するため，保有耐震性能指標としては安全側に2.5と評価することができる．

この保有耐震性能指標を用いることで，「入力地震動を○○倍すれば限界状態に達するので保有耐震性能指標は○○となる．つまり，入力地震動に対して○○倍の余裕があることがわかる．」というような表現ができる．

ただし，耐震性能を保有耐震性能指標の値のみで示す場合，具体的な入力地震動の大きさを把握することが難しい．基準となる地震動として，周期による偏りが少ない地震動（例えば，応答スペクトル波や一様ハザードスペクトル波）を用いた場合には，図6.5で示すように入力地震動の応答スペクトルを保有耐震性能指標で係数倍した限界スペクトルを提示することにより，建屋が許容できる入力地震動の大きさを把握することができる．あらかじめ限界スペクトルを準備し，建築物の固有周期を把握することにより，地震が生じた場合に，地震観測記録が得られれば地震に対する建屋の被害について迅速な判断ができると考えられる．

また，建屋が実際に大きな地震力を受けた場合，図6.6に示すように限界スペクトルと観測された地震記録とを比較することにより，例えば，基準地震動を超える地震動を建屋が受けた場合でも，建屋は終局限界には達していないことを示すことができると考えられる．

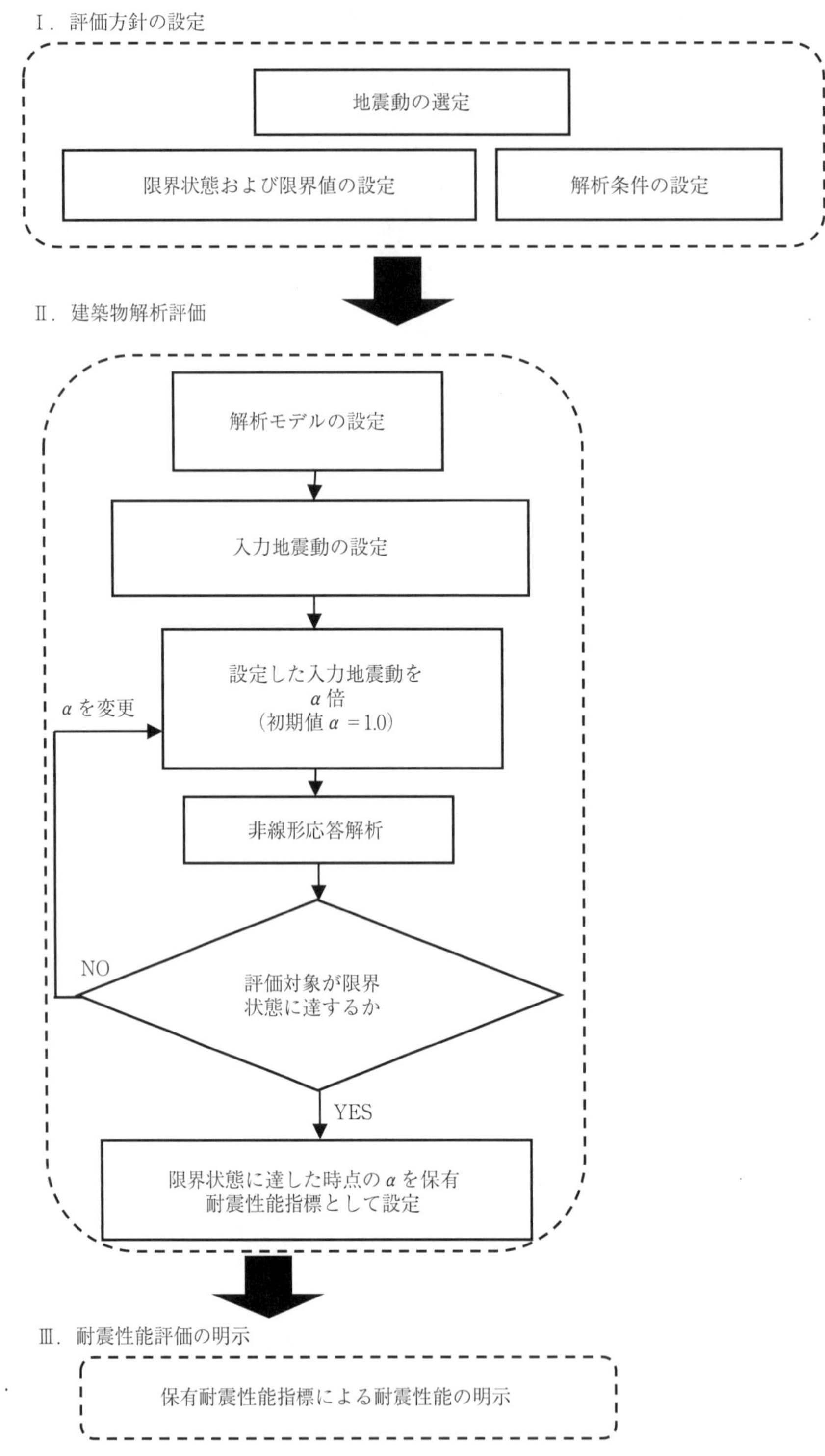

図6.3　保有耐震性能指標による評価手法の評価フロー

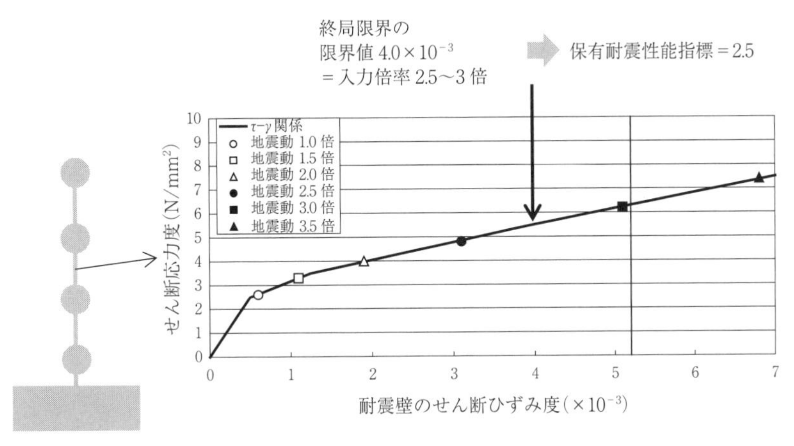

図 6.4　保有耐震性能指標の評価例

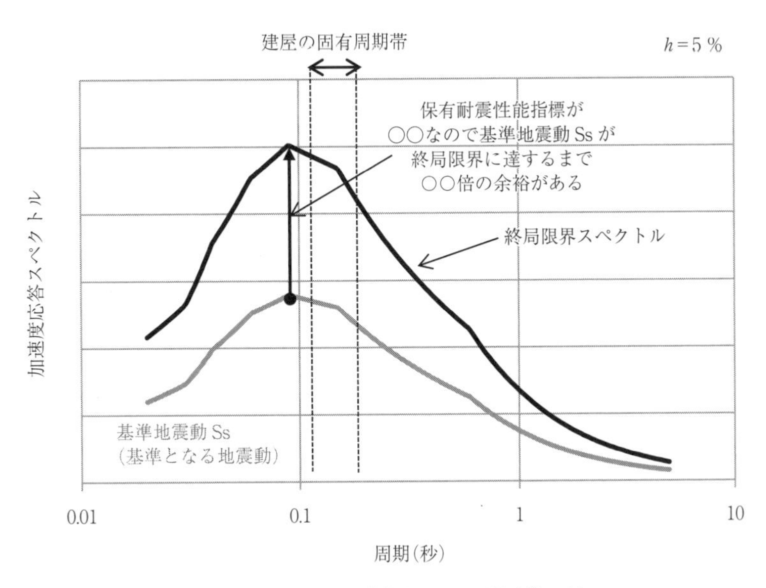

図 6.5　保有耐震性能指標による明示化の例

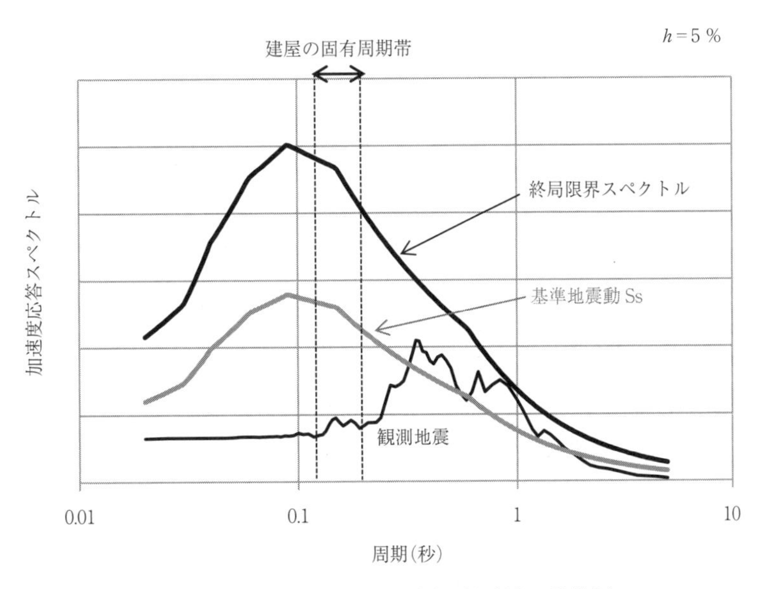

図 6.6　終局限界スペクトルと観測記録との比較例

6.3　損傷確率による評価手法

「④損傷確率による評価手法」の評価フローを図 6.7 に，評価の手順を以下に示す．

（1）　評価方針の設定

a．地震動の選定

評価の目的に適合した地震動を選定する．「第 3 章　地震動」に基づく地震動であれば基準とする地震動に対する制限は特にないが，「①応答値と限界値との比較による評価手法」に対し，確率論的な評価による補完的な位置付けという点では設計で用いられている基準地震動を用いることが考えられる．また，フラジリティ曲線の評価のプロセス中に算出されることから，地震ハザード評価における一様ハザードスペクトルから策定する地震動を用いることが多い．

b．限界状態および限界値の設定

限界状態としては終局限界を設定する．限界値としては，実験値による最大荷重時のせん断ひずみ度の中央値およびばらつきを用いる．

c．解析条件の設定

より現実的な応答が評価できると考えられる解析モデル，材料物性値を用いることを基本とし，材料物性値について平均値およびばらつき（対数正規分布と仮定する場合は，中央値および対数標準偏差）を設定する．このとき，実構造物に対する振動実験，地震観測記録のシミュレーション解析，材料試験等による知見を反映することも可能である．

（2）　建築物解析評価

a．解析モデルの設定

評価方針の設定に合わせ，解析モデルを設定する．質点系モデルを用いることを原則とする．

b．入力地震動の設定

評価方針の設定で選定した地盤条件等を考慮し，選定した地震動に対して入力地震動を設定する．

c．応 答 解 析

非線形時刻歴応答解析を実施する．このとき，材料物性値のばらつきを考慮した非線形地震応答解析を実施することになるため，例えば，2 点推定法等を用いて評価する．

d．評　　価

解析結果から得られた耐震壁の層せん断ひずみ度の応答の確率分布（現実的な応答の確率密度関数 $f_D(x)$）と，限界値として設定した耐力の確率分布（現実的な耐力の確率密度関数 $f_R(x)$）より，損傷確率 Pf を算定する〔図 6.8 参照〕.

$$Pf=\int_{-\infty}^{\infty}f_R(x_R)\left(\int_{x_R}^{\infty}f_D(x)dx\right)dx_R$$

（3）　耐震性能評価の明示

ここで得られた損傷確率 Pf は，「対象とした地震動が発生した場合に，建築物が損傷する確率」（地震動が発生した，という条件の下での損傷確率なので，厳密には，「条件付き損傷確率」と称される）である．決定論的な評価では，同じ地震動であれば，それが何回発生しようとも，対象とする建築物は損傷するかしないかの二者択一の評価結果となるが，建築物の物性値（剛性や耐力）の不確実さを考慮した確率論的評価の場合は，同じ地震動が入力されたとしても，応答が大きくなったり，耐力が低くなったりする可能性があり，その結果，対象とする建築物が損傷する場合もあれば，損傷しない場合もありうる．例えば，損傷確率が 1％と評価されたならば，それは「ある地震動に対する建築物の挙動はさまざまであり，さまざまな起こりうる挙動のうち 100 通りを考えたとして，建築物が損傷するのは平均 1 回で，残り 99 回は建築物は損傷しない」ということになる．そこで，損傷確率による耐震性能の明示の方法としては，「対象とした地震動が○○回（損傷確率の逆数）発生したとしても，建築物が損傷するのは平均 1 回だけである」という形で表現することができる．

なお，得られた損傷確率の大きさから耐震性能の大きさを判断することは，多分に主観的とならざるを得ず，難しい．例えば，対象とした地震動に対して評価された損傷確率が 0.0001％という非常に小さい値であれば，「損傷確率はかなり小さく，耐震性能は十分ある」と判断しても構わないと考えられる．しかしながら，損傷確率が数％程度の場合,「損傷確率が1%なので耐震性能は十分である」といってよいのか，あるいは,「損傷確率が10%だから耐震性能が十分ではない」のかは，客観的に判断することは困難である.

そのような場合，許容される損傷確率等が設定されていれば，評価された損傷確率が許容される損傷確率よりも小さいことを確認することで耐震性能があると判断することができるが，許容される損傷確率の大きさは対象とする建築物の用途や重要度のみならず，時代や社会環境によっても変化するものであり設定することが難しく，わが国では広くコンセンサスを得られたものは存在しないのが実情である.

そのため，損傷確率を用いた耐震性能評価で最も有効なのは，複数の建築物や設備があった場合，同じ条件（地震動）に対して評価された損傷確率の大きさを相対的に比較し，その大小で，各建築物や設備の耐震性能の大小を判断することである.

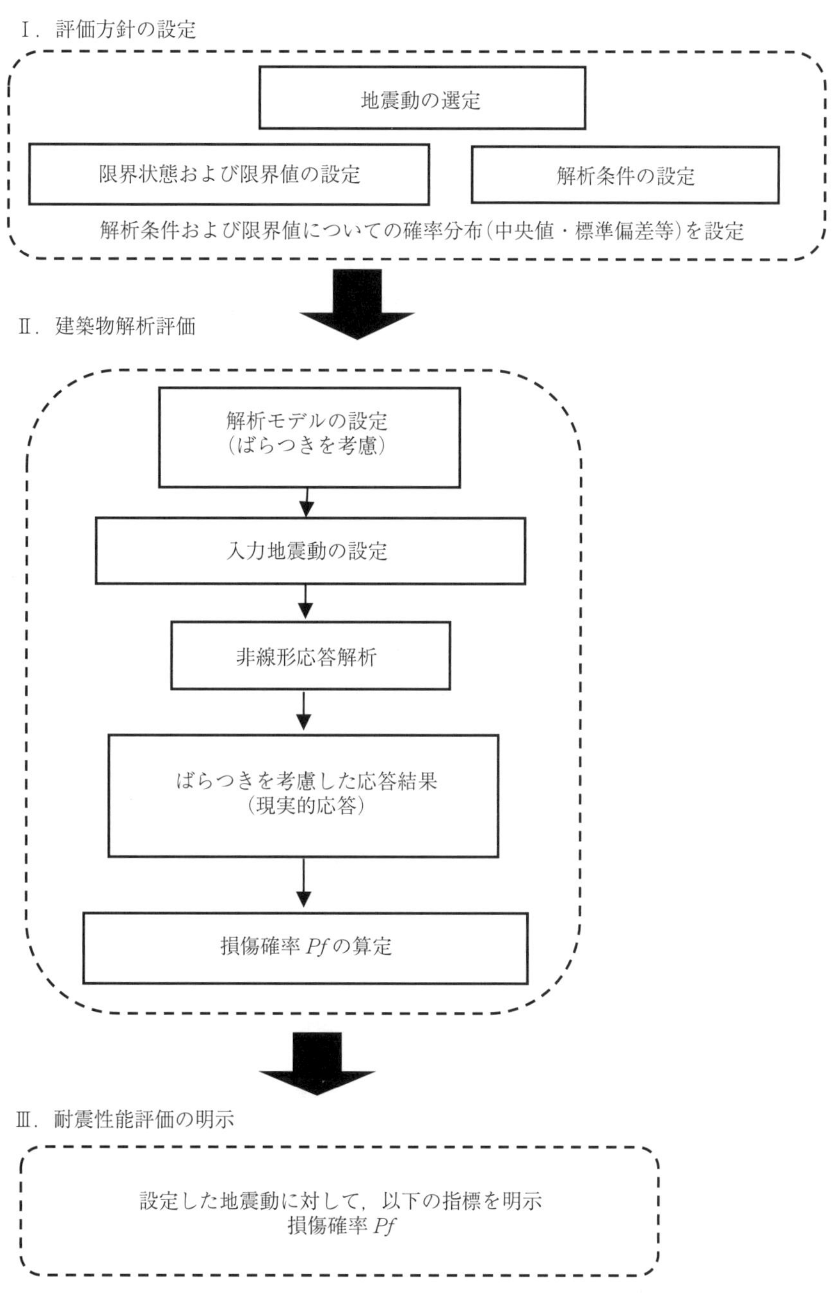

図6.7　損傷確率による評価手法の評価フロー

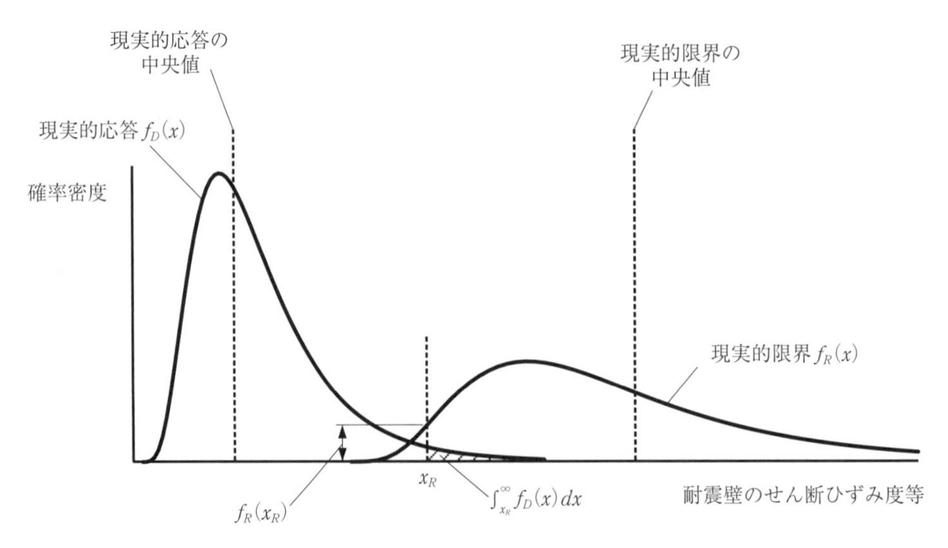

図 6.8　損傷確率の評価の考え方

6.4　フラジリティ曲線による評価手法

「④フラジリティ曲線による評価手法」の評価フローを図 6.9，評価の手順を以下に示す．

（1）　評価方針の設定

a．地震動の選定

地震動については，確率論的リスク評価で示されている手法であることから，地震ハザード評価における一様ハザードスペクトルから策定する地震動を用いることが基本となる．一様ハザードスペクトルは，地震ハザードの超過頻度（ある加速度レベルを超える地震が発生する頻度）の大きさによっても異なるが，損傷確率を算定する入力レベルとなる超過頻度に対応する一様ハザードスペクトルを設定する．ただし，通常，超過頻度が変わっても応答スペクトルの形状が大きく変わらないことが多いため，任意の超過頻度に対する一様ハザードスペクトルの形状に合う模擬地震波を一つ作成し，模擬地震波の振幅を係数倍して用いることが多い．

b．限界状態および限界値の設定

限界状態としては終局限界を設定する．限界値としては，実験値による最大荷重時のせん断ひずみ度の中央値およびばらつきを用いる．

c．解析条件の設定

より現実的な応答が評価できると考えられる解析モデル，材料物性値を用いることを基本とし，材料物性値については平均値およびばらつき（対数正規分布と仮定する場合は，中央値および対数標準偏差）を設定する．このとき，実構造物に対する振動実験，地震観測記録のシミュレーション解析，材料試験等による知見を反映することも可能である．

（2）　建築物解析評価

a．解析モデルの設定

評価方針の設定に合わせ，解析モデルを設定する．質点系モデルを用いることを原則とする．

b．入力地震動の設定

評価方針の設定で選定した地盤条件等を考慮し，選定した地震動に対して入力地震動を設定し，入力地震動を係数倍した解析を実施する〔「（1）a．地震動の選定」の項も参照〕．

c．応 答 解 析

入力地震動を係数倍し，複数の入力レベルに対して非線形時刻歴応答解析を実施する．このとき，応答のばらつきを評価するためには 1 次近似 2 次モーメント法，2 点推定法，モンテカルロ法，実験計画法等を用いて評価する．

d．評　　　価

複数の入力レベル A に対して解析した結果から得られた耐震壁の層せん断ひずみ度の応答の確率分布（現実的な応答の確率密度関数 $f_D(x:A)$）と，限界値として設定した耐力の確率分布（現実的な耐力の確率密度関数 $f_R(x)$）より，複数の入力レベル A に対する損傷確率 $Pf(A)$ を算定する．

$$Pf(A)=\int_{-\infty}^{\infty} f_R(x_R)\{\int_{x_R}^{\infty} f_D(x:A)dx\}dx_R$$

複数の入力レベルに対する損傷確率に対して，対数正規分布等の分布形状を仮定して，入力レベルに対する損傷確率を示すフラジリティ曲線を算定する．さらに，場合によっては，認識的不確実性を別途与えて，信頼度ごとのフラジリティ曲線および HCLPF 等を算定することもできる．〔詳細については付 2.2 参照〕

（3）　耐震性能評価の明示

フラジリティ曲線は，入力レベルに対する損傷確率を表現したものであり，入力レベルが大きくなれば損傷確率も大きくなる様子を表している．フラジリティ曲線の評価例を図 6.10 に示す．

このフラジリティ曲線を用いて耐震性能を明示する方法としては，「任意の損傷確率に対する加速度レベル」を用いることが考えられる．確率的な評価では，ゼロリスク，すなわち「損傷確率がゼロ」ということはあり得ないので，「損傷する確率がほとんど無視できるほど小さい」損傷確率として，例えば 1％ を設定し，フラジリティ曲線を使って損傷確率 1％ に対応する加速度レベルを評価し，その大きさをもって耐震性能を表すことができる〔図 6.10 参照〕．

このとき，損傷確率の許容値が設定されていれば，フラジリティ曲線を使って，許容損傷確率に対応する加速度レベルを評価し，そのレベルと入力地震動の加速度レベルとを比較することで，耐震性能を判断することが可能であるが，「③損傷確率による評価手法」でも記載したとおり，許容損傷確率そのものを設定することが難しいのが実情である．

そのため，複数の建築物や設備それぞれに対してフラジリティ曲線を評価し，同じ損傷確率に対する加速度レベルをそれぞれ評価して，それらを比較することで，相対的な耐震性能の大小を判断するのに使われる場合が多い．例えば，「任意の損傷確率に対する入力加速度レベル」として，HCLPF 値を使用することが，原子力発電所施設では一般的である．

また，フラジリティ曲線の「中央値加速度」は，縦軸の損傷確率が 50％ に相当する入力加速度であり，図 6.11 に示すように，現実的な応答の中央値と，現実的な限界の中央値が一致する場合を表している．よって，概念的には，「中央値加速度」は，図 6.12 に示すように「基準となる地震動の入力レベル×保有耐震性能指標」に相当する加速度レベルといえる．（建築物の解析モデルとして材料物性値の中央値を使い，限界状態として終局せん断ひずみ度の中央値を用いた場合に評価される保有耐震性能指標）．

そのため，「中央値加速度」の大小は，「保有耐震性能指標」の大小と一致しており，中央値加速度の大小から，耐震性能の相対的な大小を把握することが可能となるとともに，基準となる地震動の入力レベルと中央値加速度とを比較することで，耐震性能の大きさを把握することも可能であると考えられる．

Ⅰ．評価方針の設定

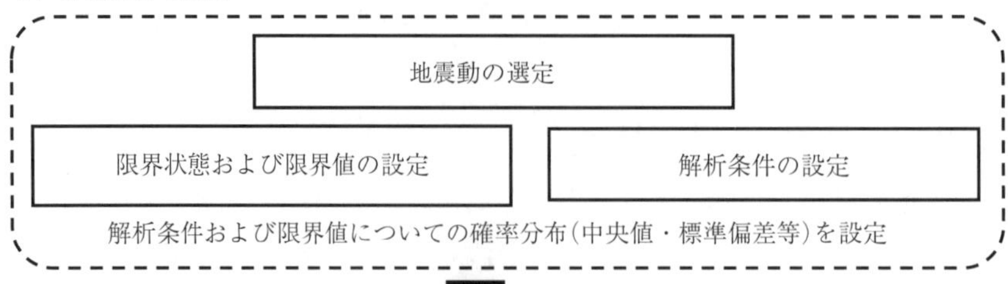

Ⅱ．建築物解析評価

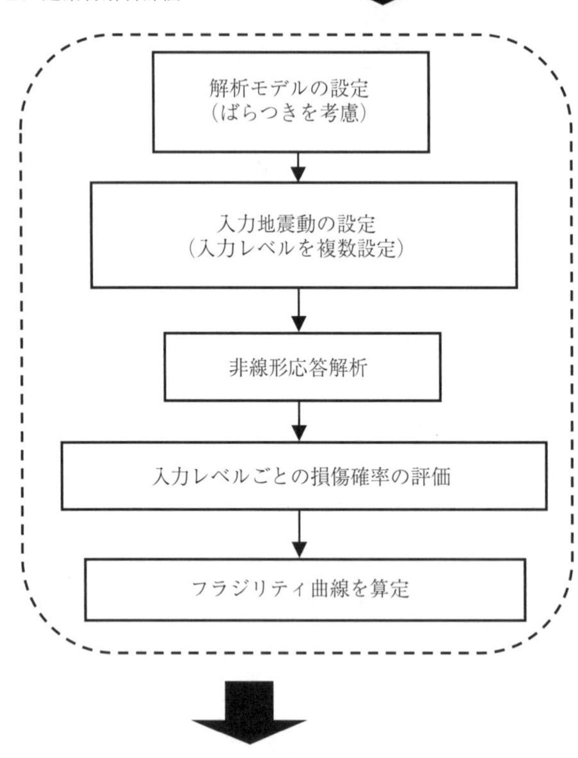

Ⅲ．耐震性能評価の明示

耐震性能評価として以下を示す
フラジリティ曲線

図 6.9　フラジリティ曲線による評価手法の評価フロー

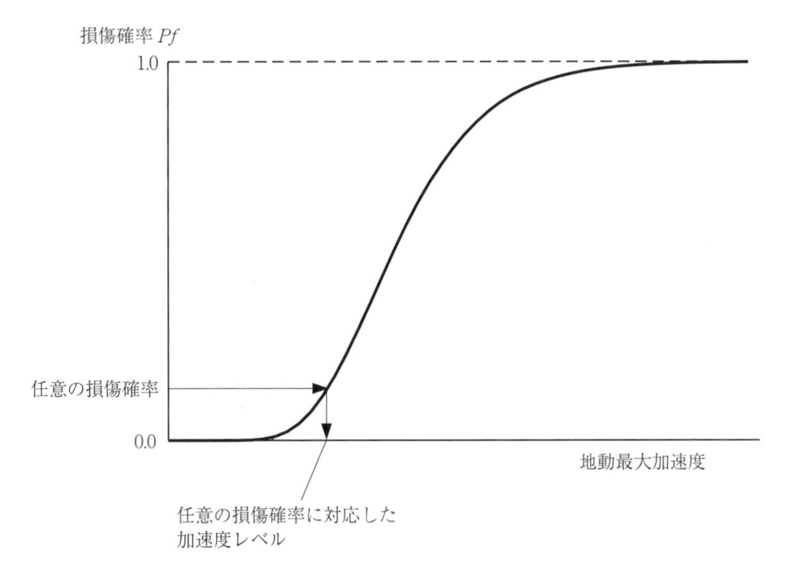

図 6.10　フラジリティ曲線の評価例

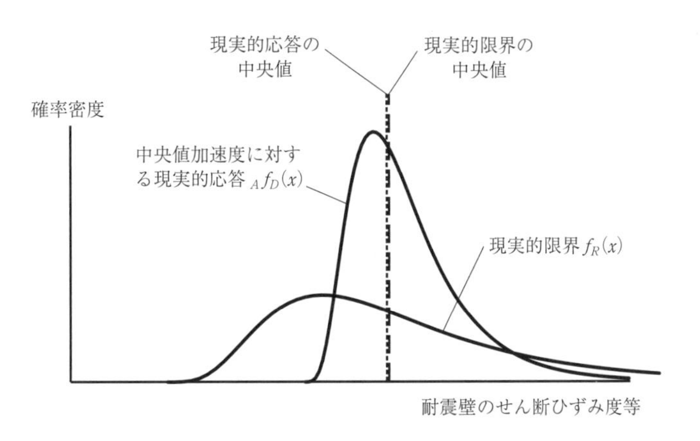

図 6.11　損傷確率が 50％になる中央値加速度に対する現実的応答と現実的耐力の様子
（現実的応答の中央値と現実的耐力の中央値が一致する）

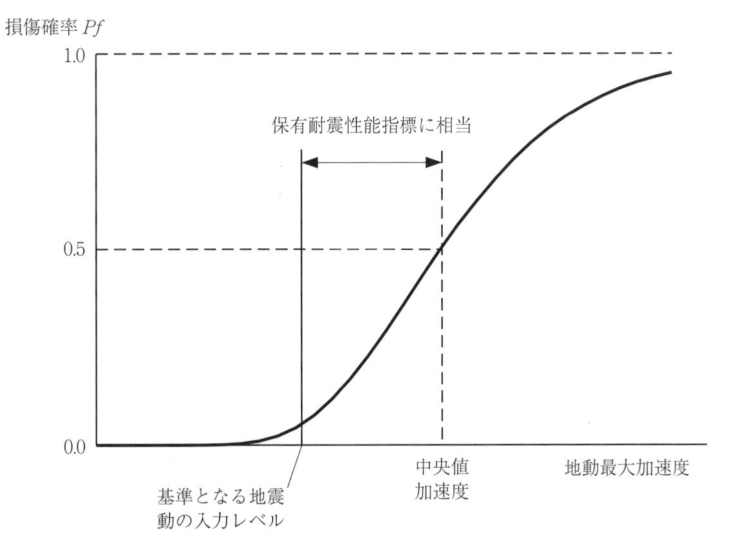

図 6.12　フラジリティ曲線と保有耐震性能指標との関係

6.5 ま と め

本章では，原子力建築物の耐震性能の評価手法と明示の方法について示した．第２章で示した以下に示す４つの手法それぞれについて，入力地震動の設定，解析条件の設定，限界状態と限界値の設定および耐震性能の明示方法等について示した．

① 応答値と限界値との比較による評価手法
② 保有耐震性能指標による評価手法
③ 損傷確率による評価手法
④ フラジリティ曲線による評価手法

また，原子炉建屋を例に具体的な評価例を「付 6.1 耐震性能の評価例」に示している．

付 6.1　耐震性能の評価例

耐震性能の評価手法に対する理解を助けることを目的とし，6章で示した評価手順を実機相当の原子力建築物に適用した事例を示す．

ここでは，本ガイドブックで記した「①応答値と限界値との比較による評価」「②保有耐震性能指標による評価」「③損傷確率による評価」「④フラジリティ曲線による評価」について評価例を示すこととするが，評価の前提となる建築物や地震動は可能な限り同じものを用いることで，耐震性能の評価手法と評価結果を比較できるものとした．

（1）　評価対象とする建築物について

耐震性能の評価例に用いる建築物は，原子炉建屋（第三次改良標準化PWR型，4Loop）とする．改良標準化とは，1975年に当時の通商産業省機械情報産業局に設置された原子力発電機器標準化調査委員会および原子力発電設備改良標準化調査委員会（構成メンバーは，学識経験者，電力会社，電機メーカーなど）のもとで実施された第一次改良標準化計画の成果が反映された原子力発電所プラントであり，それまでの原子力発電所プラントに比べて，プラント稼働率の向上と作業員の被ばく低減が期待されるものであった．続いて，第二次改良標準化計画が昭和53年度（1978年度）より昭和55年度（1980年度）にかけて，さらに，第三次改良標準化計画が昭和56年度（1981年度）から昭和60年度（1985年度）にかけて実施され，一層のプラント稼働率の向上と作業員の被ばく低減が達成されてきた[1),2)]．

このPWR型原子炉建屋は，原子炉棟，周辺補機棟および燃料取扱棟で構成される．平面形状は80 m（NS）×75 m（EW）の矩形をなしており，基礎版は厚さ8 mで，接地圧は常時で平均約400 kN/m^2である．また，共通の基礎版上にプレストレストコンクリート製原子炉格納容器（PCCV）と鉄筋コンクリート造の内部コンクリート（I/C），原子炉周辺建屋（REB）が構造的に独立し，それぞれの固有周期を持ちながら振動する．地震時には，地震動の周期特性に応じて各構造体の応答が変動し卓越モードが変わる．

PCCVには，原子炉容器，蒸気発生器などの一次系冷却設備が格納されている．さらに，経線および円周方向に設置されたテンドンによって，コンクリートに最高使用圧力（Pd）に耐えるようにプレストレスを与えることで，事故時の圧力変動にも十分耐えられる構造となっている．また，格納容器自体の鉄筋コンクリートが遮へい性能を，格納容器の内側に設置された厚さ数mmのライナプレートが気密性を確保している．PCCVの基礎底面からの高さは約74 m，地上高さは約66 mである．

内部コンクリート（I/C）は，原子炉容器，蒸気発生器などを支持する役割と，原子炉一次遮へいと原子炉二次遮へいとして原子炉からの放射線を減衰させる役割を担っている．

原子炉建屋の概略平面図を付図6.1.1～6.1.3に，NS, EW方向の概略断面図を付図6.1.4，6.1.5に示す．

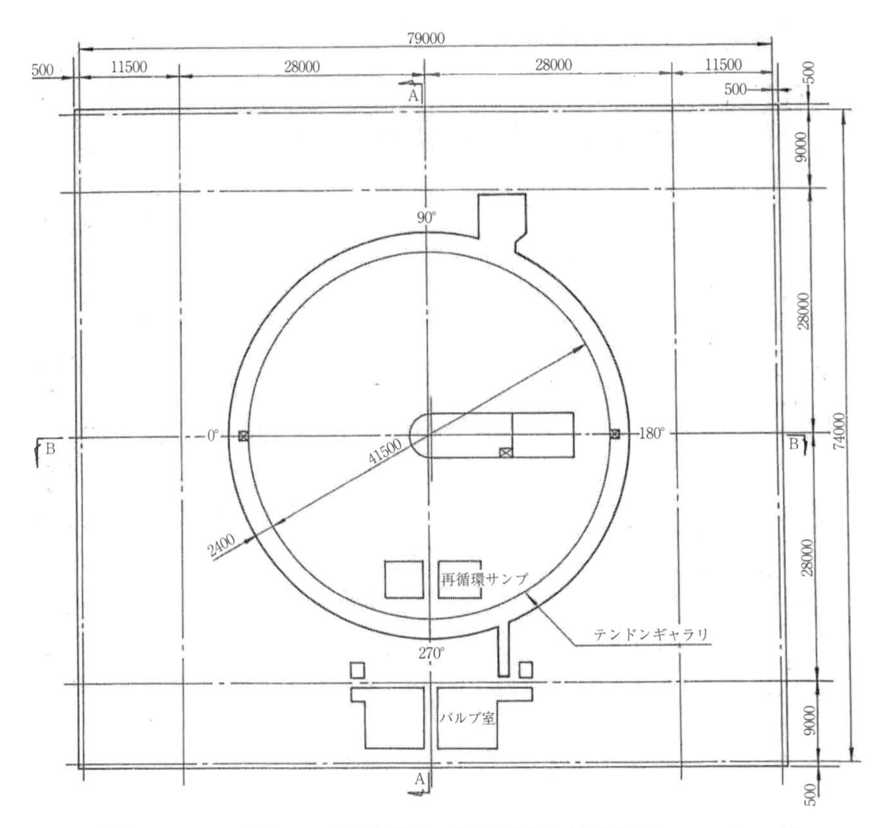

付図 6.1.1 PWR 型 4Loop 原子炉建屋の概略平面図（基礎版部：EL. −6.5 m）[3)]

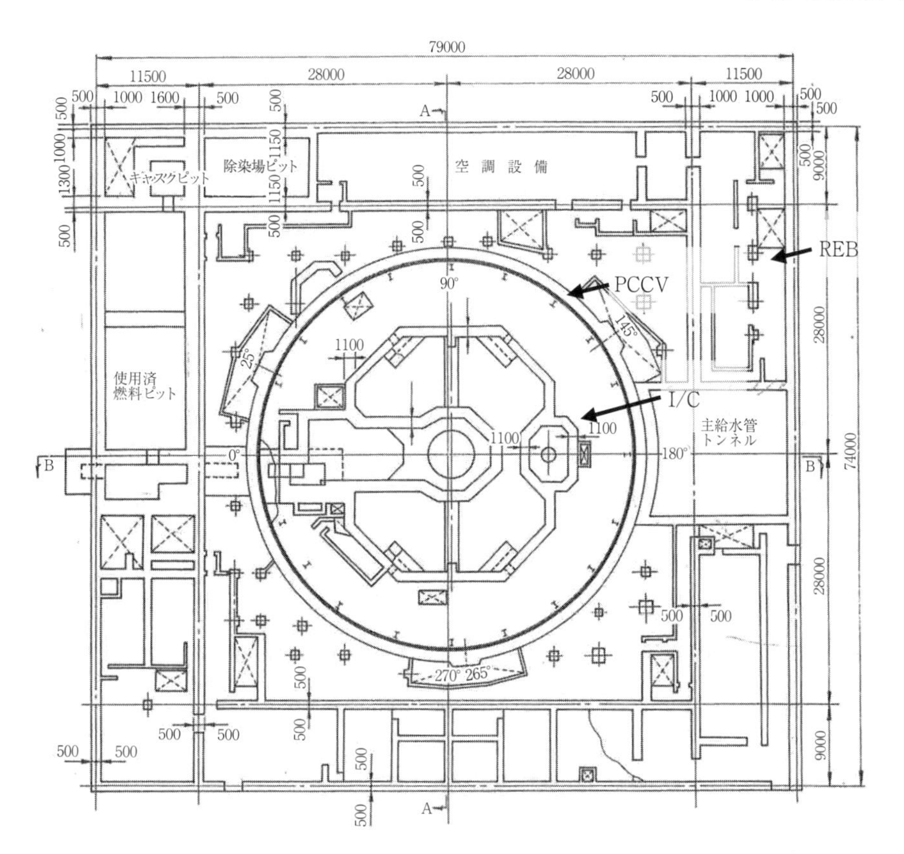

付図 6.1.2　PWR 型 4Loop 原子炉建屋の概略平面図（地下 1 階：EL. 8.9 m）[3)]

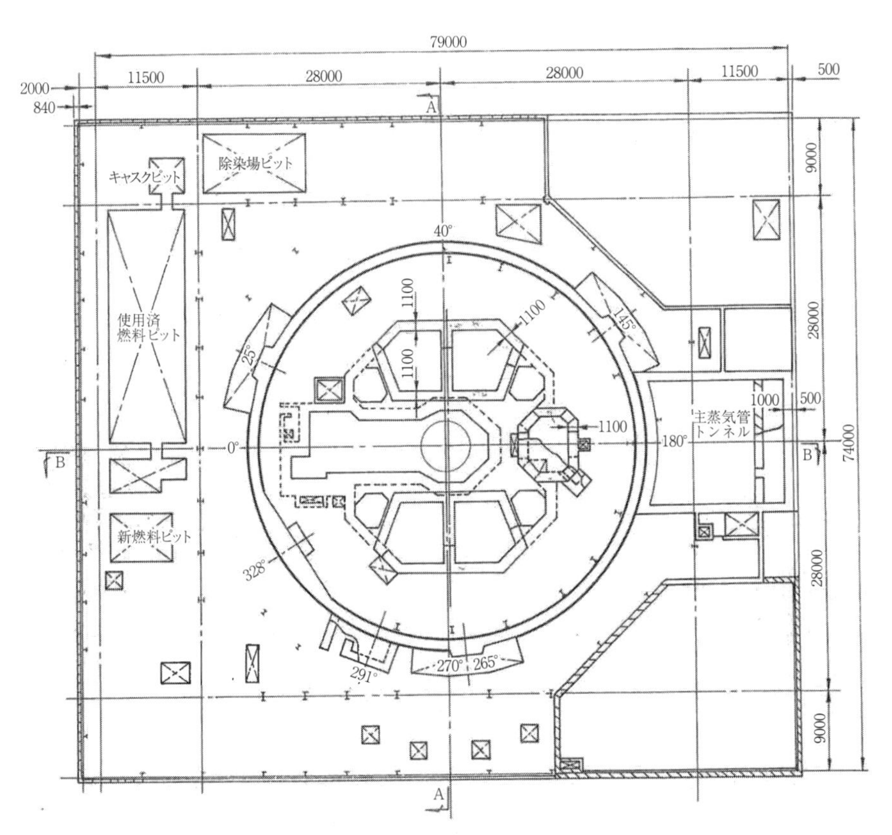

付図 6.1.3　PWR 型 4Loop 原子炉建屋の概略平面図（運転操作床：EL. 16.5 m）[3)]

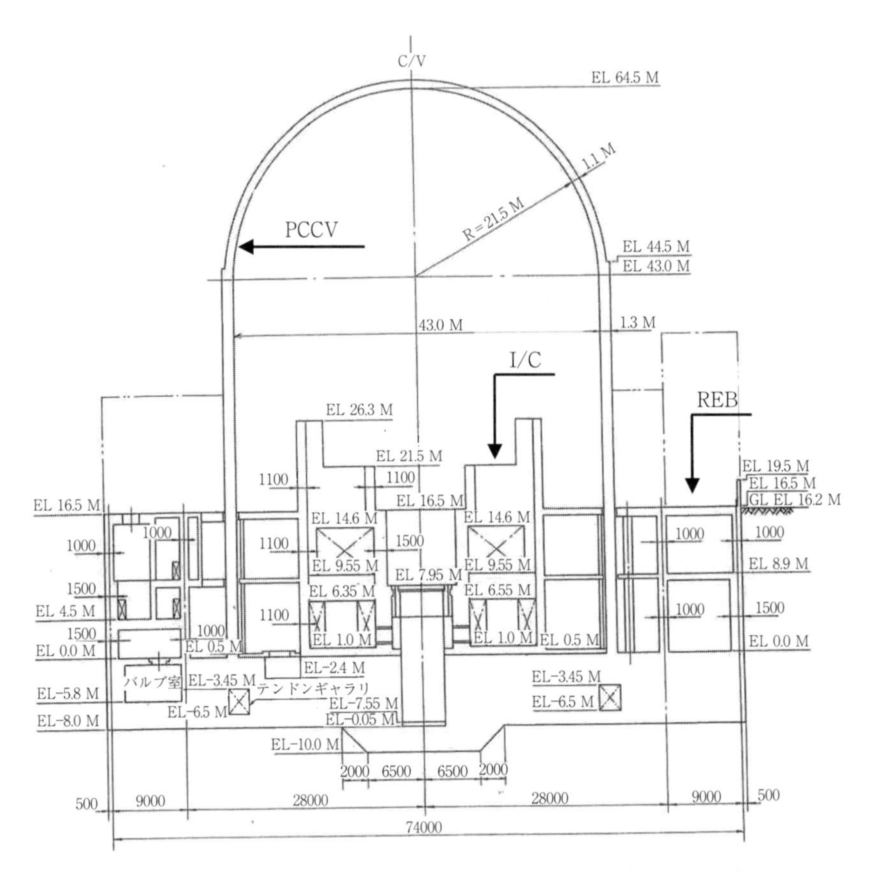

付図 6.1.4　PWR 型 4Loop 原子炉建屋の概略断面図（A-A 断面）[3)]

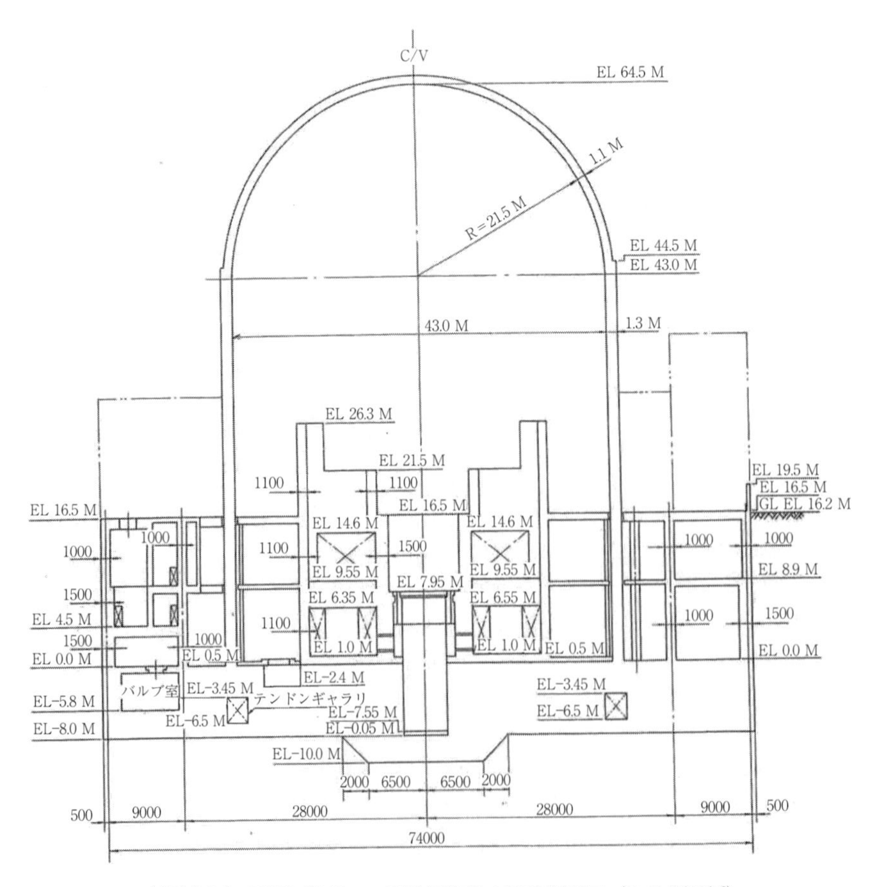

付図 6.1.5　PWR 型 4Loop 原子炉建屋の概略断面図（B-B 断面）[3)]

（2） 地震応答解析

耐震性能の評価には質点系モデルによる地震応答解析を行う必要がある．ここでは，原子炉建屋の地震応答解析モデルおよび解析に適用する入力地震動を示す．また，4つの耐震性能の評価例で共通して使用する地震応答解析結果についてもここで示す．

a．地震応答解析モデル

本評価では，建築物全体検討として地盤―建築物連成質点系モデルを用いることとする．モデル図を付図 6.1.6 に示す．

原子炉建屋の水平方向解析モデルは，PCCV，I/C，REB を集中質点と梁要素で表現し，地盤を並進および回転方向のばね―ダッシュポットで置換した地盤―建築物連成系モデルとする．基礎版は剛体とする．なお，基礎浮上りに伴う誘発上下動を考慮できる機構は導入していない．

本評価では，原子炉建屋のうち矩形の平面形状であり，一般的なボックス型耐震壁から構成される REB を耐震性能の評価対象として，モデル図中に破線で示している．

また，建築物ごとの各種諸元は地震力 PRA 実施基準[4]を参考に，現実的な値に相当する物性値を設定した．材料諸元を付表 6.1.1 に，地盤諸元を付表 6.1.2 に示す．

地盤と建築物の連成を考慮した質点系モデルでは，底面地盤ばねは水平，回転それぞれについて，建築物基礎底面下の一様地盤を半無限に続く弾性体と仮定し，弾性波動論（振動アドミッタンス理論）に基づき得られる動的地盤ばねとして算定する．地盤ばね剛性は円振動数 ω に対して一定，減衰係数を地盤―建築物連成系の非減衰 1 次固有円振動数（ω_1）に対応する ω の一次式で近似した地盤ばねを用いる〔付図 6.1.7 参照〕[5]．

なお，地盤ばねの算定においては，原子力発電所耐震設計技術規程（以下，JEAC4601 という）[5]に従って地反力分布を水平動に対し一様分布，回転動に対し三角形分布を仮定し，基礎底面の代表変位は水平変位を相加平均変位，回転角をエネルギー平均回転角（荷重重み平均回転角）とする．回転ばねの浮上り特性は非線形とする．得られた地盤ばね諸元を付表 6.1.3 に示す．

建築物の非線形性については，PC（プレストレストコンクリート）部および RC 部の復元力特性を JEAC4601[5]に記載されている方法に従い設定する．

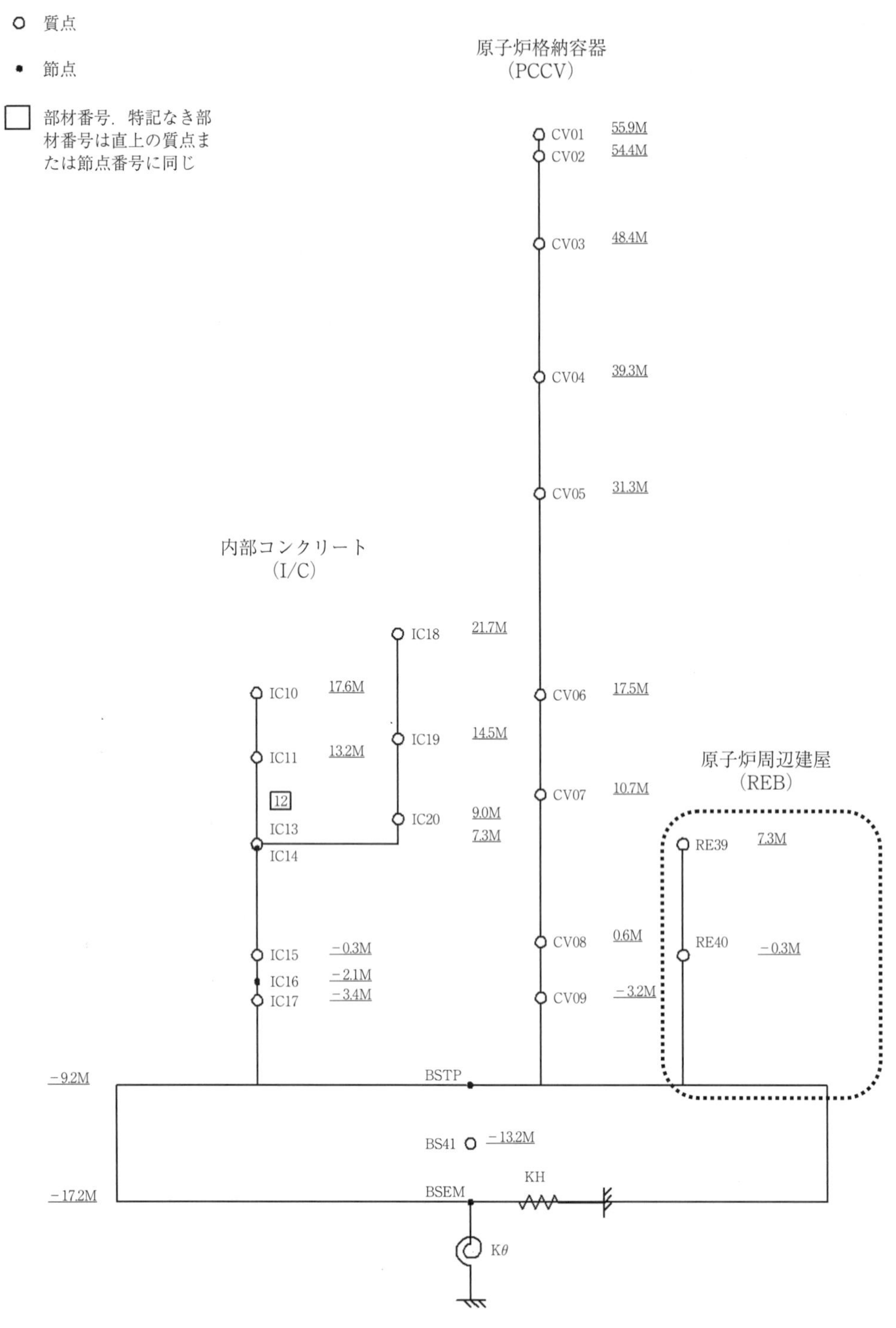

付図 6.1.6　地盤—建築物連成質点系モデル

付表 6.1.1　材料諸元[1)]

建築物	コンクリート強度 (N/mm^2)	ヤング係数 E (kN/mm^2)	せん断弾性係数 G (kN/mm^2)	減衰定数 h (%)
PCCV	57.2	31.6	13.1	2.91
I/C	32.7	25.1	10.5	4.85
REB	32.7	25.1	10.5	4.85
基礎版	32.7	25.1	10.5	4.85

［注］（1）材料諸元のうち，コンクリート強度と減衰定数は設計で用いる値に対して，文献 4)を参考に対数正規分布を用いて不確実さを考慮し，中央値に換算した値を用いている．例えば，PCCV の減衰定数は設計では，3.0 % が用いられることが多いが，これを平均値と考え，不確実さとして変動係数を 0.25 と設定することで，中央値 2.91 % が得られる．

付表 6.1.2　地盤諸元

S 波速度 V_s (m/s)	P 波速度 V_p (m/s)	単位体積質量 ρ (t/m^3)	ポアソン比 ν_d
1 493	3 383	2.4	0.38

付表 6.1.3　地盤ばね諸元

	ばね定数 K_s	減衰係数 C_s
水平	1.24×10^6 (kN/mm)	1.95×10^4 (kN·s/mm)
回転	1.94×10^{15} (kN·mm/rad)	1.02×10^{13} (kN·mm·s/rad)

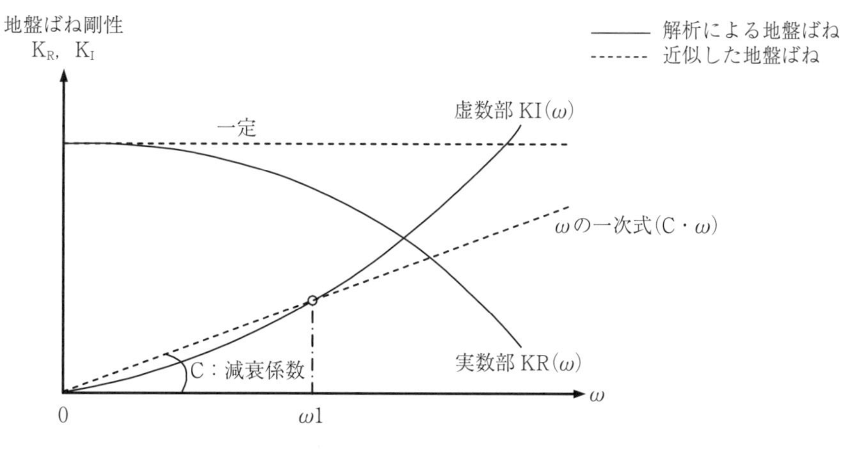

付図 6.1.7　地盤ばねの近似法

ｂ．固有値解析結果

前述の質点系モデルに関する振動性状を確認するため，代表的な固有周期と刺激関数図を付表 6.1.4 および付図 6.1.8 に示す．

対象とした建築物は，共通の基礎版上に PCCV，I/C および REB が構造的に独立しており，建築物の主要なモードにはそれぞれの振動性状が明瞭に確認できる．

付表 6.1.4　固有周期

次数	振動数（Hz）	周期（s）	備考
1	4.60	0.217	PCCV 1 次
2	9.88	0.101	I/C, REB 1 次
3	12.12	0.083	
4	13.49	0.074	

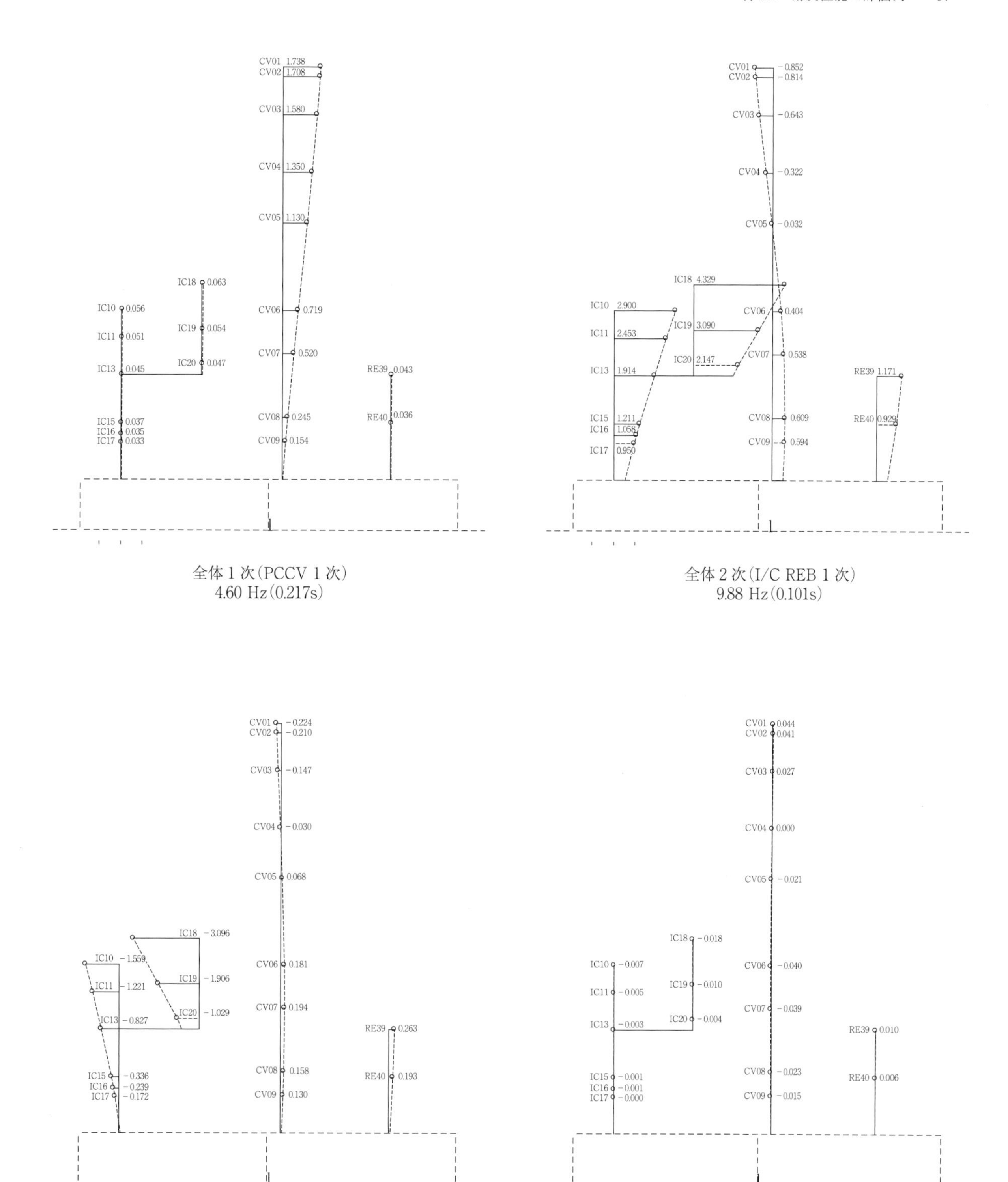

全体 1 次（PCCV 1 次）
4.60 Hz（0.217s）

全体 2 次（I/C REB 1 次）
9.88 Hz（0.101s）

全体 3 次
12.12 Hz（0.083s）

全体 4 次
13.49 Hz（0.074s）

付図 6.1.8　地盤—建築物連成質点系モデルの主要な刺激関数図

c．解析に適用する地震動

ここでは，解析に適用する入力地震動として加藤ほか（2004）による応答スペクトルに基づく地震動[6),7)]を採用する．この応答スペクトルは，各種調査によっても震源位置と地震規模を事前に特定できない内陸地殻内地震と定義し，震源近傍の硬質岩盤上の強震記録から地震動レベルを設定したものである．評価ではこの応答スペクトルに基づく地震動を基準となる入力地震動として適用し，解析モデルに入力した．入力地震動の諸元を付表 6.1.5 に，応答スペクトルと時刻歴波形を付図 6.1.9 および付図 6.1.10 に示す．

なお，ここでの地震応答解析では，原子力発電所の基準地震動 Ss の最大加速度を考慮し，この加藤ほか（2004）による応答スペクトルに基づく地震動[6),7)]の振幅を 2 倍（最大加速度の絶対値で 900.0 cm/s^2）したものを基準となる入力地震動（α= 1.0）とする．

付表 6.1.5　加藤ほか（2004）による応答スペクトルに基づく地震動[6),7)]の諸元

対象地盤	継続時間	最大加速度	最大速度	最大変位
硬質岩盤	26.40 s	−450.0 cm/s^2	40.9 cm/s	−40.12 cm

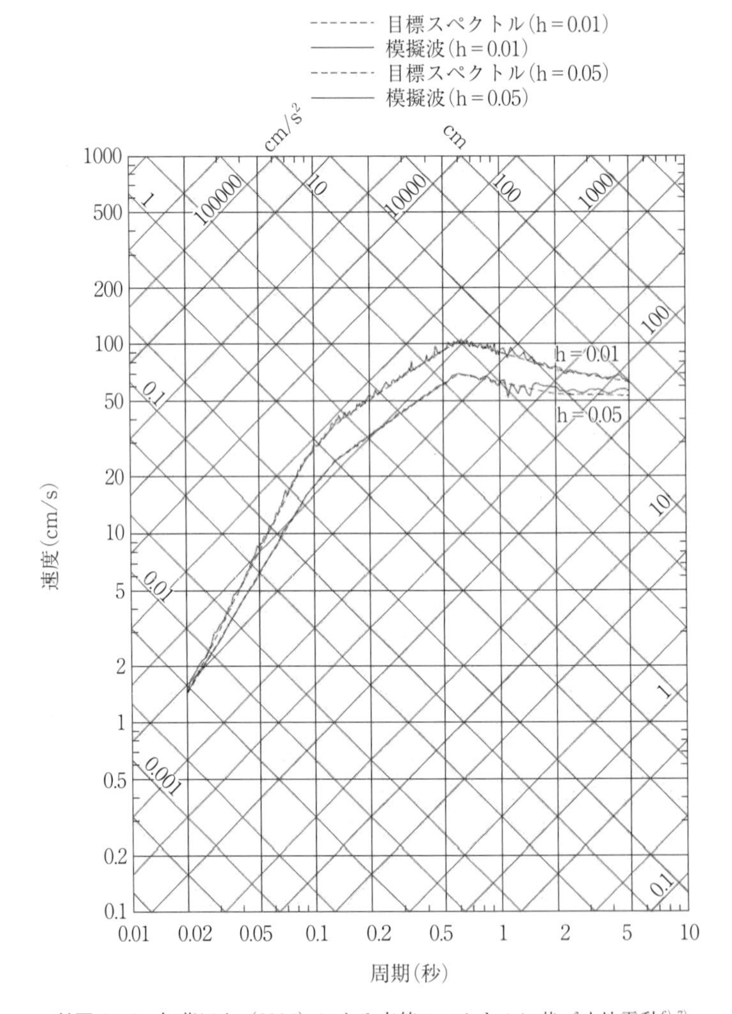

付図 6.1.9　加藤ほか（2004）による応答スペクトルに基づく地震動[6),7)]
（疑似速度応答スペクトル）

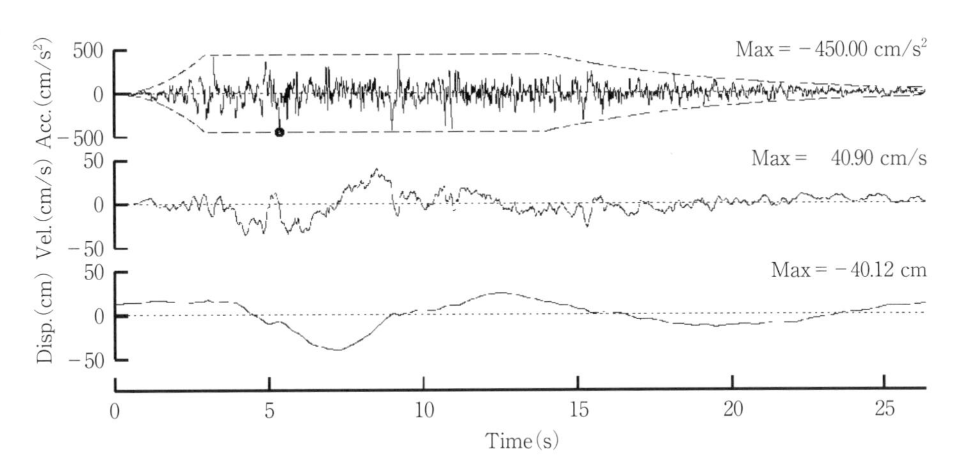

付図 6.1.10　加藤ほか（2004）による応答スペクトルに基づく地震動[6),7)]（時刻歴）

d．地震応答解析結果

ここでは，前述の質点系モデルと入力地震動による地震応答解析結果を示す．4つの耐震性能の評価手法のうち「②保有耐震性能指標による評価」「④フラジリティ曲線による評価」では，入力地震動の振幅を係数倍した地震動による応答解析結果を評価に用いるため，あわせてここで示す〔付表 6.1.6〕.

なお，原子炉周辺建屋（REB）を耐震性能の評価対象とし，要素 RE39（上層）および RE40（下層）〔付図 6.1.11 参照〕における最大応答せん断ひずみ度を確認する〔付表 6.1.7 および付図 6.1.12，6.1.13 参照〕.

また，付表 6.1.7 に解析ケースごとの最大応答せん断ひずみ度と最小接地率を示す．使用している質点系モデルは誘発上下動を考慮できないモデルのため，適用下限値である接地率 65％を下回った場合は，別途，誘発上下動を考慮できる質点系モデル等で解析結果の妥当性を確認する必要があるが[5)]，ここでは，上部構造に対する「②保有耐震性能指標による評価」と「④フラジリティ曲線による評価」手法の適用に主眼をおき，解析結果の妥当性は確認されているものとして評価を進める.

なお，各種諸元に現実的な値を適用したため，解析結果は「現実的なパラメータを基に解析で求めた応答」といえる.

付表 6.1.6　地震応答解析ケース

解析ケース	Case 1	Case 2	Case 3	Case 4	Case 5	Case 6	Case 7
入力倍率	$\alpha=1.0$	$\alpha=1.5$	$\alpha=2.0$	$\alpha=2.5$	$\alpha=3.0$	$\alpha=3.5$	$\alpha=4.0$
入力地震動の 最大加速度（cm/s²）	900	1 350	1 800	2 250	2 700	3 150	3 600

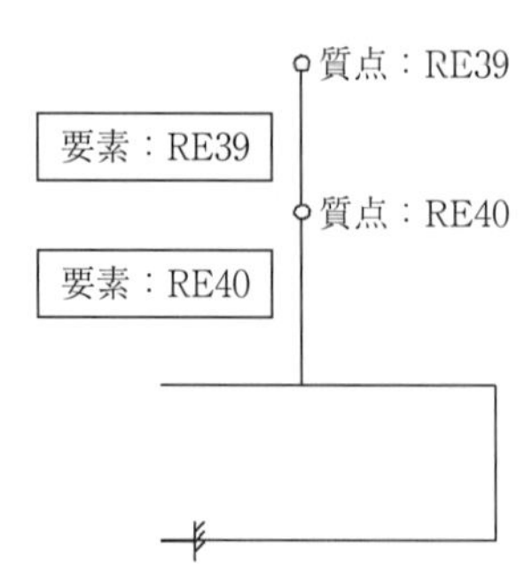

付図 6.1.11　質点系モデルにおける原子炉周辺建屋（REB）の質点と要素

付表 6.1.7　最大応答せん断ひずみ度と最小接地率

建築物	部位	最大応答せん断ひずみ度（$\times 10^{-3}$）						
		Case 1	Case 2	Case 3	Case 4	Case 5	Case 6	Case 7
		$\alpha=1.0$	$\alpha=1.5$	$\alpha=2.0$	$\alpha=2.5$	$\alpha=3.0$	$\alpha=3.5$	$\alpha=4.0$
REB	上層（RE39）	0.094	0.139	0.185	0.301	1.104	2.101	2.933
	下層（RE40）	0.161	0.329	1.056	2.027	3.799	4.857	5.690
最小接地率		77.9 %	49.9 %	39.4 %	29.8 %	23.7 %	14.9 %	11.5 %

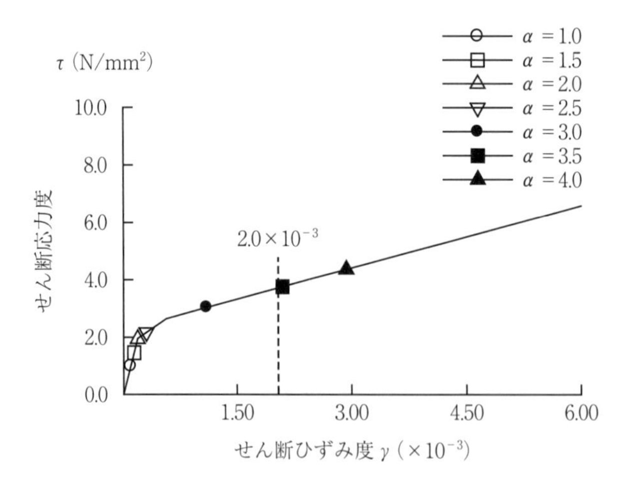

付図 6.1.12　せん断応力度 τ—せん断ひずみ度 γ 関係上の最大応答せん断ひずみ度
（要素：RE39）

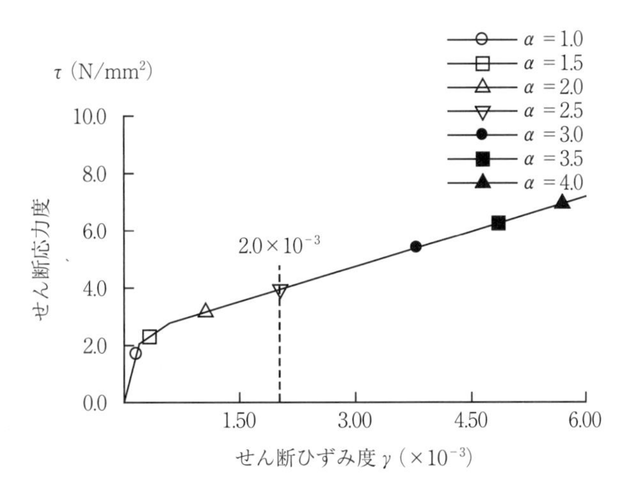

付図 6.1.13　せん断応力度 τ—せん断ひずみ度 γ 関係上の最大応答せん断ひずみ度（要素：RE40）

（3）　耐震性能の評価例

a．応答値と限界値との比較による評価例

応答値と限界値との比較による評価例を示す．これは，地震応答解析から得られた最大応答値の限界値に対する比で定義される．

基準となる入力地震動（Case 1）に対する最大応答値として，付表 6.1.1 に示す現実的な物性値を適用した解析モデルによる最大層せん断ひずみ度を用いる．また，限界値を設計における許容限界[5]であるせん断ひずみ度 2.0×10^{-3}，設計における終局せん断ひずみ度[5]である 4.0×10^{-3}，終局せん断ひずみ度の中央値[8),9)]である 5.21×10^{-3} とした場合の評価結果を示す．

付表 6.1.8 より，いずれの限界値に対しても応答値は十分小さいことが確認された．

付表 6.1.8　応答値と限界値の比較（REB 下層，要素 RE40）

解析ケース	最大加速度	せん断ひずみ度（最大応答値）	せん断ひずみ度（限界値）	比較結果
Case 1	900 cm/s²	0.161×10^{-3}	2.0×10^{-3}	○
			4.0×10^{-3}	○
			5.21×10^{-3}	○

b．保有耐震性能指標による評価例

保有耐震性能指標による評価例を示す．

基準となる地震動（最大加速度 900 cm/s²）による応答解析を実施する．応答解析で得られた最大応答せん断ひずみ度が限界値（ここでは 2.0×10^{-3}）を超えない場合は，係数 α を大きくして解析を再度実行する．限界値を超えた場合は，係数 α を小さくして解析を再度実行する．これを繰り返し，最大応答せん断ひずみ度が限界値を超えない範囲で最も大きな係数 α を探す．

付表 6.1.7 および付図 6.1.12，6.1.13 に示す係数 $\alpha=2.5$（基準となる地震動の最大加速度が 2 250 cm/s²）の時の要素 RE40 の最大応答せん断ひずみ度が 2.027×10^{-3} となりクライテリアの 2.0×10^{-3} をわずかに上回っている．一方で，係数 $\alpha=2.0$（基準となる地震動の最大加速度が 1 800 cm/s²）の時の要素 RE40 の最大応答せん断ひずみ度が

1.056×10^{-3}となりクライテリアの2.0×10^{-3}を大きく下回っている．そこで，クライテリアを超えない範囲で極力大きな係数αを探す目的で，$\alpha=2.4$および$\alpha=2.45$とした応答解析を行った．その結果を付表6.1.9に示す．

付表 6.1.9 最大応答せん断ひずみ度（原子炉周辺建屋の要素）

部位	最大応答せん断ひずみ度（$\times10^{-3}$）			
	$\alpha=2.0$	$\alpha=2.4$	$\underline{\alpha=2.45}$	$\alpha=2.5$
RE39	0.185	0.232	0.258	0.301
RE40	1.056	1.693	$\underline{1.839}$	2.027

付表6.1.9から，$\alpha=2.45$（最大加速度 2 205 cm/s^2）の場合に最大応答せん断ひずみ度が1.839×10^{-3}となりクライテリアの2.0×10^{-3}をわずかに下回ったことから，保有耐震性能指標を$\alpha=2.45$とした．

なお，建築物各部（層）別に係数αを設定することも可能であるが，この評価例では原子炉周辺建屋の2層（RE39, RE40）のうち，最大層せん断ひずみ度が先にクライテリアに近づく場合の係数αを原子炉周辺建屋（REB）の保有耐震性能指標として採用した．

この結果から，基準となる入力地震動を2.45倍すればおおむね限界状態（最大応答せん断ひずみ度で2.0×10^{-3}）に達することがわかった．つまり，「おおむね2.45倍の余裕がある」または「耐震裕度がおおむね2.45である」といえる．また，この保有耐震性能指標に対応する限界地震動の応答スペクトルは付図6.1.14のように示すことができる．付図6.1.14に原子炉周辺建屋（REB）の1次固有周期を重ね描いているが，例えば，地震後の観測記録から推定した入力地震動とこの応答スペクトルとをこの固有周期周辺で比較することで，原子炉周辺建屋の耐震裕度を推定することができる．この応答スペクトルにより，原子炉周辺建屋が終局限界に達しない入力地震動の大きさを把握することができる．

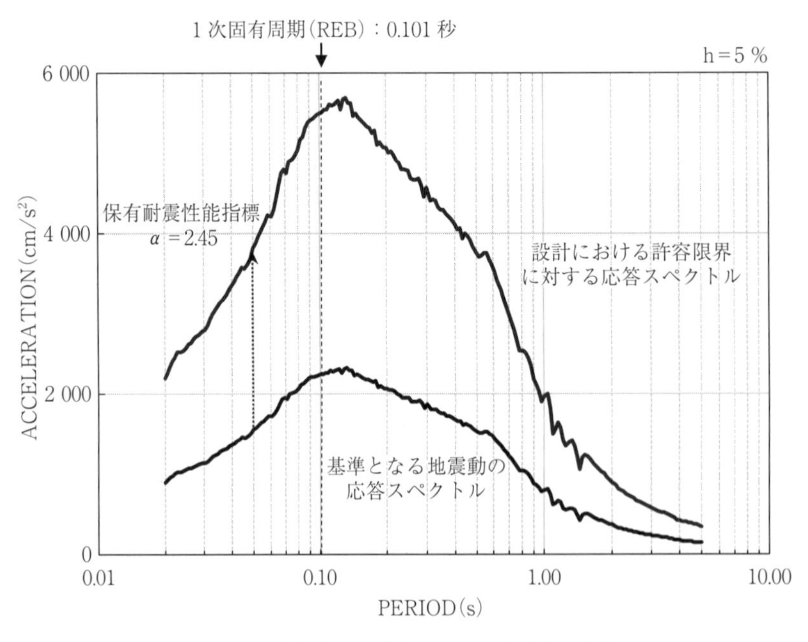

付図 6.1.14 保有耐震性能指標に対応する限界地震動の応答スペクトル

同様の手順で，限界値を設計における終局限界のせん断ひずみ度である4.0×10^{-3}，終局せん断ひずみ度の中央値である5.21×10^{-3}とした場合の保有耐震性能指標の算定例を示す．

限界値を 4.0×10^{-3} とした場合，付表 6.1.7 および付図 6.1.12，6.1.13 に示す係数 $\alpha=3.0$（基準となる地震動の最大加速度が 2 700 cm/s²）の時の要素 RE40 の最大応答せん断ひずみ度が 3.799×10^{-3} となり，クライテリアの 4.0×10^{-3} を下回っている．一方で，係数 $\alpha=3.5$（基準となる地震動の最大加速度が 3 150 cm/s²）の時の要素 RE40 の最大応答せん断ひずみ度が 4.857×10^{-3} となり，クライテリアの 4.0×10^{-3} を大きく上回っている．そこで，クライテリアを超えない範囲で極力大きな係数 α を探す目的で，$\alpha=3.05$ および $\alpha=3.1$ とした応答解析を行った．その結果を付表 6.1.10 に示す．

付表 6.1.10　限界値に設計における終局状態のせん断ひずみ度である 4.0×10^{-3} を用いた場合

部位	最大応答せん断ひずみ度（$\times10^{-3}$）			
	$\alpha=3.0$	$\alpha=3.05$	$\alpha=3.1$	$\alpha=3.5$
RE39	1.104	1.203	1.315	2.101
RE40	3.799	3.932	4.070	4.857

付表 6.1.10 より，係数 $\alpha=3.05$（基準となる地震動の最大加速度が 2 745 cm/s²）の時の要素 RE40 の最大応答せん断ひずみ度が 3.932×10^{-3} となりクライテリアの 4.0×10^{-3} をわずかに下回ったことから，限界値に設計における終局せん断ひずみ度である 4.0×10^{-3} を用いた場合の保有耐震性能指標は $\alpha=3.05$ となる．対応する限界地震動の応答スペクトルを付図 6.1.15 に示す．

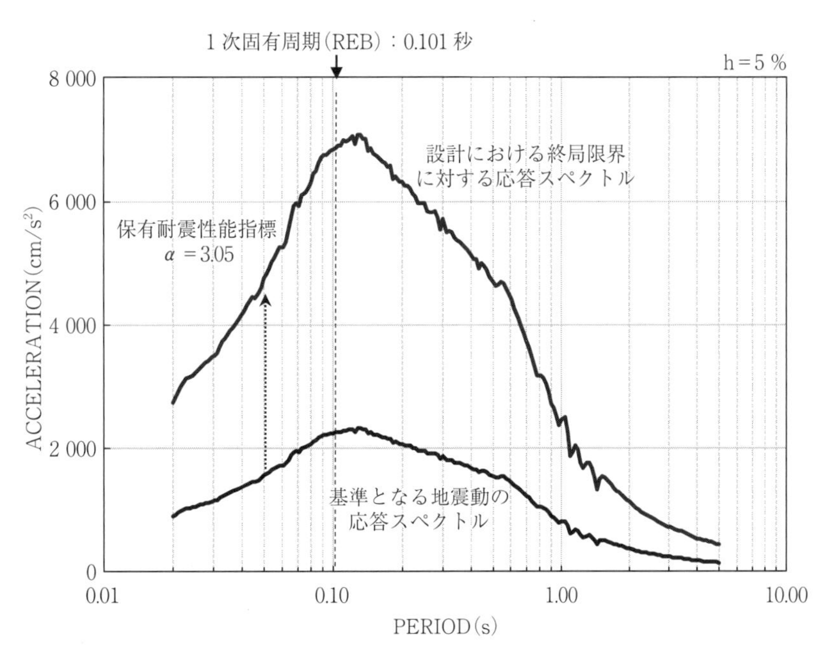

付図 6.1.15　保有耐震性能指標に対応する限界地震動の応答スペクトル

次に，限界値を終局限界ひずみ度の中央値である 5.21×10^{-3} とした場合，付表 6.1.7 および付図 6.1.12，6.1.13 に示す係数 $\alpha=3.5$（基準となる地震動の最大加速度が 3 150 cm/s²）の時の要素 RE40 の最大応答せん断ひずみ度が 4.857×10^{-3} となりクライテリアの 5.21×10^{-3} を大きく下回っている．一方で，係数 $\alpha=4.0$（基準となる地震動の最大加速度が 3 600 cm/s²）の時の要素 RE40 の最大応答せん断ひずみ度が 5.690×10^{-3} となりクライテリアの 5.21×10^{-3} を大きく上回っている．そこで，クライテリアを超えない範囲で極力大きな係数 α を探す目的で，$\alpha=3.65$ および $\alpha=3.7$ とした応答解析を行った．その結果を付表 6.1.11 に示す．

付表 6.1.11　限界値に終局限界ひずみ度の中央値である 5.21×10^{-3} を用いた場合

部位	最大応答せん断ひずみ度（$\times10^{-3}$）			
	α=3.5	α=3.65	α=3.7	α=4.0
RE39	2.101	2.282	2.472	2.933
RE40	4.857	5.150	5.267	5.690

付表 6.1.11 より，係数 α= 3.65（基準となる地震動の最大加速度が 3 285 cm/s²）の時の要素 RE40 の最大応答せん断ひずみ度が 5.150×10^{-3} となり，クライテリアの 5.21×10^{-3} をわずかに下回ったことから，限界値に終局せん断ひずみ度の中央値である 5.21×10^{-3} を用いた場合の保有耐震性能指標は α= 3.65 となる．対応する限界地震動の応答スペクトルを付図 6.1.16 に示す．

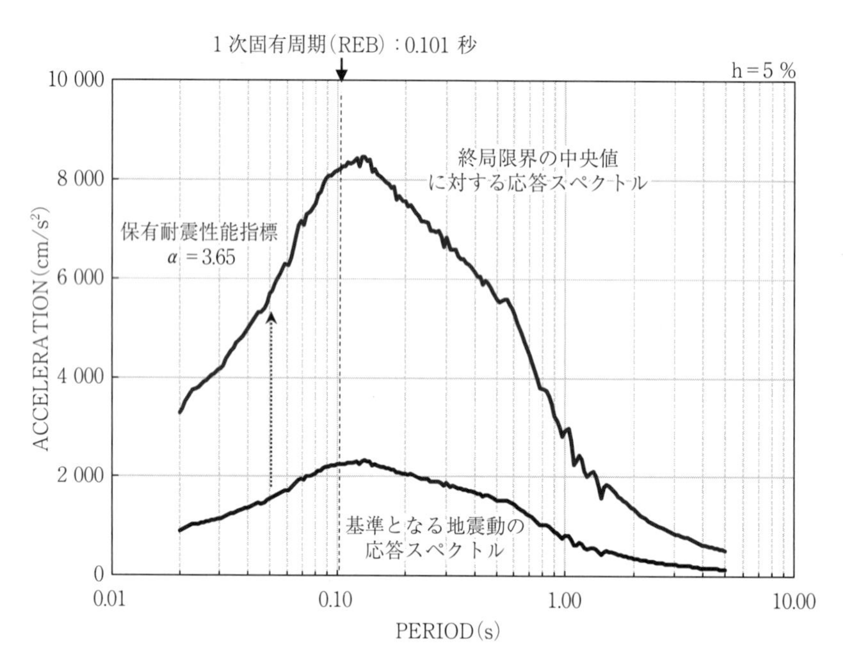

付図 6.1.16　保有耐震性能指標に対応する限界地震動の応答スペクトル

ここで評価した 3 つのクライテリアに対する保有耐震性能指標を付表 6.1.12 にまとめる．また，限界地震動に対応する応答スペクトルと基準となる地震動の応答スペクトルを付図 6.1.17 に重ね描く．

付表 6.1.12　保有耐震性能指標（下層（RE40））

クライテリア		地震応答解析結果		
限界状態	限界値 （せん断ひずみ度）	保有耐震性能指標 α	入力地震動の最大加速度 (cm/s^2)	解析上の最大応答 せん断ひずみ度
設計における許容限界	2.0×10^{-3}	2.45	2 205	1.839×10^{-3}
設計における終局限界	4.0×10^{-3}	3.05	2 745	3.932×10^{-3}
終局限界の中央値	5.21×10^{-3}	3.65	3 285	5.150×10^{-3}

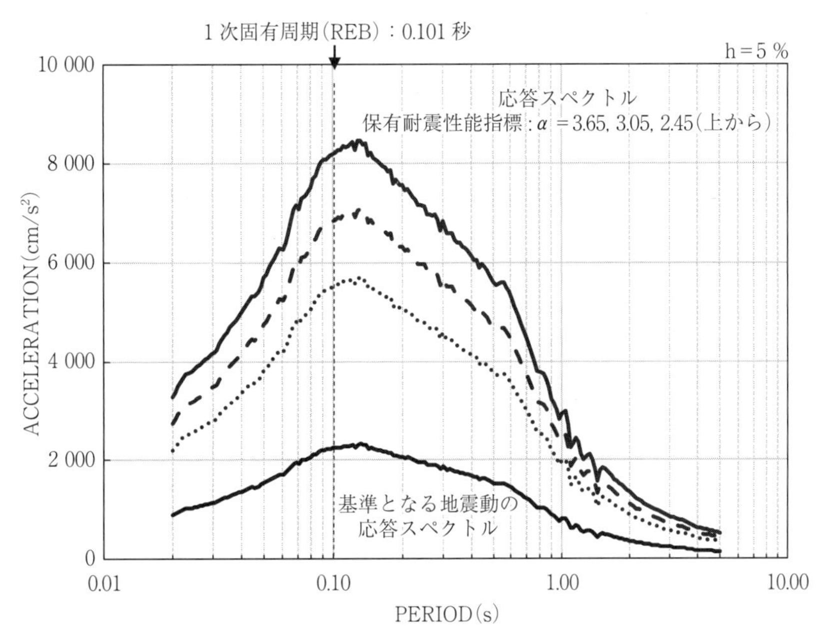

付図 6.1.17　保有耐震性能指標に対応する限界地震動の応答スペクトル

c．損傷確率による評価例

損傷確率による評価例を示す．損傷確率は，耐震裕度の定量的な尺度として不確実さを考慮して得られる現実的限界 R と現実的応答 D から評価される．ここでは，文献 10）に示された方法に沿って評価する．

（a）　現実的応答と現実的限界の評価

現実的応答としての最大層せん断ひずみ度を解析的に評価するためには，応答の不確実さを考慮する必要がある．例えば，文献 4），11）では，現実的応答の不確実さに対して影響度合いの高い因子として「コンクリート強度」「支持地盤せん断波速度」「RC 部減衰定数」の物性値を挙げている．また，文献 4），12），13）では，これらの不確実さを考慮する効率的なシミュレーション法として 2 点推定法を採用している．さらに，文献 14）では，不確実さを考慮した現実的応答（最大層せん断ひずみ度）の不確実さ（対数標準偏差）は，おおむね 0.2 程度であることを解析的に示している〔付図 6.1.18 参照〕．このような知見を踏まえ，ここで示す評価例では付表 6.1.1 に示す現実的な物性値を適用した解析モデルによる最大層せん断ひずみ度を現実的応答の中央値とし，不確実さを対数標準偏差で 0.2 と仮定した．

次に，現実的限界については原子炉建屋の耐震壁を対象とした試験から得られた終局せん断ひずみ度の統計量[4),8),9)]を用いることとする．

以上，損傷確率の評価に用いる不確実さに関するパラメータを付表 6.1.13 に示す．

（b） 損傷確率の評価

耐震安全性指標は，現実的応答と現実的耐力の両者が対数正規分布に従うと仮定することで，中央値と条件付き損傷確率として表される．本評価例では，基準となる地震動（最大加速度 900 cm/s^2）が与えられた条件での損傷確率を付表 6.1.14 に示す．

付表 6.1.13 層せん断ひずみ度の現実的応答と現実的限界

	中央値	対数標準偏差
現実的応答	応答解析にて評価	0.20
現実的限界（ボックス壁）	5.21×10^{-3}	0.24

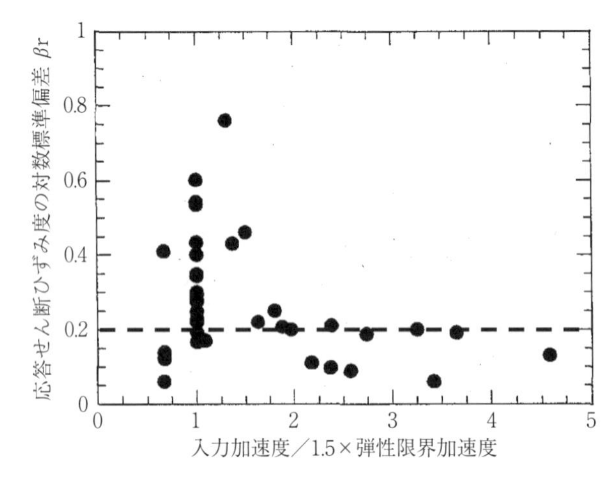

付図 6.1.18 応答せん断ひずみ度の対数標準偏差[14)に加筆]

付表 6.1.14 損傷確率（要素 RE40）

現実的応答		現実的限界		損傷確率
中央値（×10^{-3}）	対数標準偏差	中央値（×10^{-3}）	対数標準偏差	
0.161	0.2	5.21	0.24	ほぼ 0[(1)]

［注］（1）今回のケースでは，現実的応答と現実的限界との差が非常に大きいこともあり，得られる損傷確率は非常に小さくなった．そのため，表中では「ほぼ 0」と表記している．

d．フラジリティ曲線による評価例

フラジリティ曲線は地震動の強さと，想定した機能が損失する確率（ここでは建築物が損傷する確率）との関係を表したものである[4)]．地震動が与えられた場合の損傷確率を評価するためには，応答と限界の不確実さを考慮する必要があるが，これは損傷確率の評価を行う場合と同じである．

ここでの評価例では，損傷確率の評価で用いた終局せん断ひずみ度の統計量である現実的限界を現実的耐力とし，入力地震動の最大加速度ごとに得られた現実的応答との関係から評価された損傷確率を用いたフラジリティ曲線を示すこととする．付表 6.1.15 にフラジリティ曲線を得るための損傷確率をまとめる．

付表 6.1.15　損傷確率（要素 RE40）

解析ケース		Case 1	Case 2	Case 3	Case 4	Case 5	Case 6	Case 7
最大加速度（cm/s^2）		900	1 350	1 800	2 250	2 700	3 150	3 600
現実的応答	中央値（$\times 10^{-3}$）	0.161	0.329	1.056	2.027	3.799	4.857	5.690
	対数標準偏差	0.2	0.2	0.2	0.2	0.2	0.2	0.2
現実的耐力	中央値（$\times 10^{-3}$）	5.21						
	対数標準偏差	0.24						
損傷確率		ほぼ 0	ほぼ 0	1.61×10^{-7}	1.25×10^{-3}	1.56×10^{-1}	4.11×10^{-1}	6.11×10^{-1}

付表 6.1.15 に示した最大加速度と損傷確率を，文献 15）などでの方法に合わせて最小二乗法により対数正規分布関数で近似したフラジリティ曲線を評価した．得られたフラジリティ曲線を付図 6.1.19 に，フラジリティ曲線のパラメータを付表 6.1.16 に示す．

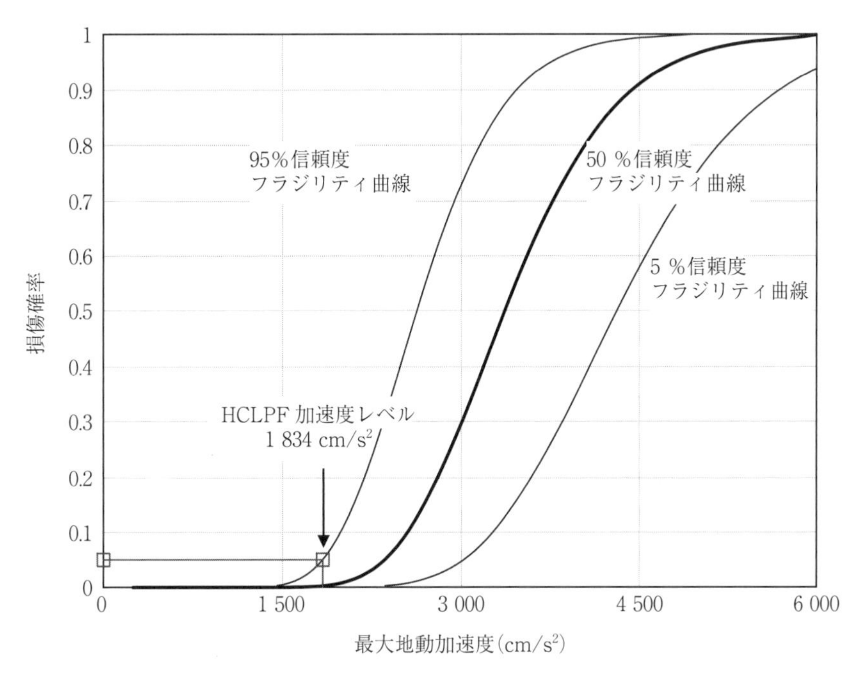

付図 6.1.19　フラジリティ曲線

付表 6.1.16　フラジリティ曲線のパラメータ

回帰モデル	信頼度	中央値	対数標準偏差	HCLPF 加速度レベル
対数正規 分布関数	5 %	4 293 cm/s^2	0.22	—
	50 %	3 354 cm/s^2	0.22	—
	95 %	2 619 cm/s^2	0.22	1 834 cm/s^2

また，付図 6.1.19 および付表 6.1.16 には，認識論的不確実性を対数標準偏差で 0.15 とした場合の 5％信頼度フラジリティ曲線，95％信頼度フラジリティ曲線および 95％信頼度フラジリティ曲線による損傷確率 5％に対応する HCLPF 加速度レベル（高信頼度低損傷確率）を示す．

参考として，保有耐震性能指標の明示化方法として提案されている限界地震動の応答スペクトルを，フラジリティ曲線のパラメータ（HCLPF，信頼度ごとの中央値加速度）を用いて作成する．

付図 6.1.20 にフラジリティ曲線のパラメータに対応した 4 種の応答スペクトルと基準となる地震動の応答スペクトルを示す．

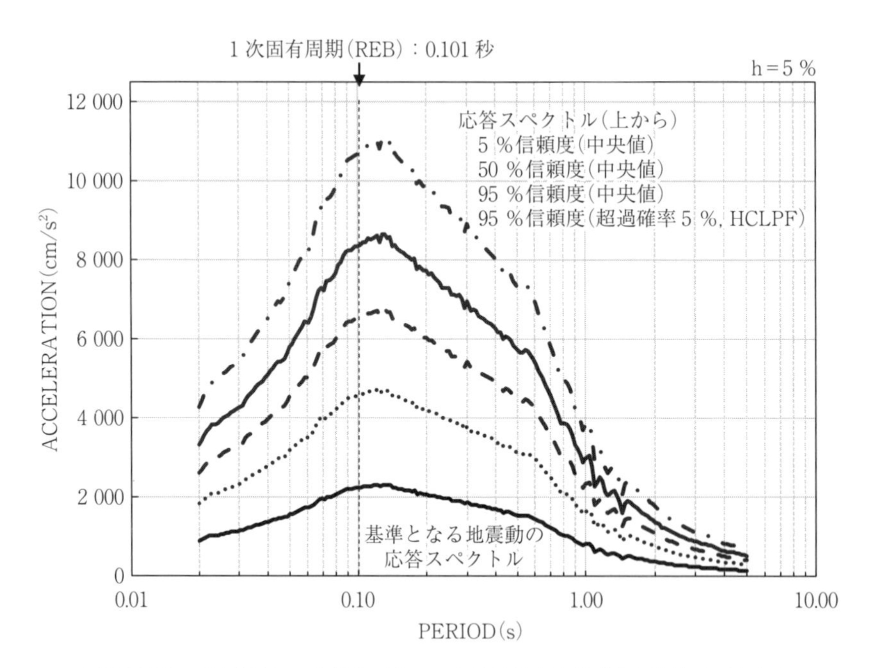

付図 6.1.20　フラジリティ曲線のパラメータに対応する地震動の応答スペクトル

参 考 文 献

1）高度情報科学技術研究機構：原子力百科事典 ATOMICA，http://www.rist.or.jp/atomica/index.html
2）電気事業講座編集委員会：電気事業講座　第 9 巻（原子力発電），2007.10
3）軽水炉改良標準化耐震設計小委員会：耐震設計の標準化に関する調査報告書　別冊 1（建築物系），1981.6
4）日本原子力学会：原子力発電所に対する地震を起因とした確率論的リスク評価に関する実施基準（AESJ-SC-P006：2015）：日本原子力学会標準，2015.12
5）日本電気協会：原子力発電所耐震設計技術規程　JEAC4601-2021, 2023.1
6）日本電気協会：原子力発電所耐震設計技術指針　JEAG 4601-2021, 2023.1
7）加藤研一，宮腰勝義，武村雅之，井上大榮，上田圭一，壇一男：震源を事前に特定できない内陸地殻内地震による地震動レベル—地質学的調査による地震の分類と強震動観測記録に基づく上限レベルの検討—，日本地震工学会論文集，Vol. 4, No. 4，pp. 46-86，2004
8）北原武嗣，瀬谷均，小林義尚：原子炉建屋の耐震安全性評価法：その 7　BWR 型原子炉建屋の耐震安全性指標の算定結果，日本建築学会大会学術講演梗概集（東海），p. 1641，1994.9
9）鈴木馨，宇賀田健，佐藤芳幸：原子炉建屋の耐震安全性評価法：その 8　PWR 型原子炉建屋の耐震安全性指標の算定結果，日本建築学会大会学術講演梗概集（東海），p. 1643，1994.9
10）水野淳，島裕昭，成川匡文：原子炉建屋の耐震安全性評価法：その 1　耐震安全性評価法の概要，日本建築学会大会学術講演梗概集（東海），p. 1629，1994.9
11）宇賀田健，鈴木馨，小林義尚：原子炉建屋の耐震安全性評価法：その 3　因子のばらつきが現実的応答の変動に与える影響度について，日本建築学会大会学術講演梗概集（東海），p. 1633，1994.9
12）島裕昭，水野淳，成川匡文：原子炉建屋の耐震安全性評価法：その 5　BWR 型原子炉建屋の現実的応答の解析結果，日本建築学会大会学術講演梗概集（東海），p. 1637，1994.9

13)　宮本明倫，清水明，土屋義正：原子炉建屋の耐震安全性評価法：その 6　PWR 型原子炉建屋の現実的応答の解析結果，日本建築学会大会学術講演梗概集（東海），p. 1639，1994.9
14)　三明雅幸，小林和禎，水野淳，杉田浩之，美原義徳：原子力発電所建屋のフラジリティ評価における不確実さの検討：(その 1) 偶然的不確実さの影響に関する検討，日本建築学会大会学術講演梗概集（近畿），p. 1103，2005.9
15)　美原義徳，三明雅幸，小林和禎，水野淳，杉田浩之：原子力発電所建屋のフラジリティ評価における不確実さの検討：(その 2) 認識的不確実さの影響に関する検討，日本建築学会大会学術講演梗概集（近畿），p. 1105，2005.9

原子力施設における建築物の耐震性能評価ガイドブック

2024年1月25日　第1版第1刷

編集著作人　一般社団法人　日本建築学会

印刷所　三美印刷株式会社

発行所　一般社団法人　日本建築学会

108-8414　東京都港区芝5-26-20

電話 (03) 3456-2051

FAX (03) 3456-2058

http://www.aij.or.jp/

発売所　丸善出版株式会社

101-0051　東京都千代田区神田神保町2-17

神田神保町ビル

電話 (03) 3512-3256

ISBN 978-4-8189-0677-8 C 3052